中核智库“每月一讲”报告文集（2018）

中核集团技术经济总院科技委　编

中国原子能出版社

图书在版编目（CIP）数据

中核智库“每月一讲”报告文集. 2018 / 中核集团技术经济总院科技委编. —北京：中国原子能出版社，2019.12

ISBN 978-7-5221-0347-1

Ⅰ. ①中… Ⅱ. ①中… Ⅲ. ①原子能工业–文集 Ⅳ. ①TL-53

中国版本图书馆 CIP 数据核字（2019）第 286295 号

内 容 简 介

本文集是《中核智库“每月一讲”报告文集》系列的第三本，收录了中核智库“每月一讲”2018 年度的大部分报告。内容涉及大国战略竞争、国家安全、公众沟通、行业政策、产业形势、智库建设、知识产权研究、书刊编研等内容，可为管理、科研和生产提供参考借鉴。

中核智库“每月一讲”报告文集（2018）

出版发行 中国原子能出版社（北京市海淀区阜成路 43 号 100048）
总　　编 李　涛
策划编辑 王　丹
责任编辑 白　佳
装帧设计 崔　彤
责任校对 冯莲凤
责任印制 潘玉玲
印　　刷 北京九州迅驰传媒文化有限公司
经　　销 全国新华书店
开　　本 787 mm×1092 mm　1/16
印　　张 13
字　　数 121 千字
版　　次 2019 年 12 月第 1 版　2019 年 12 月第 1 次印刷
书　　号 ISBN 978-7-5221-0347-1　　**定　价** **80.00** 元

网址：**http://www.aep.com.cn**　　**E-mail：atomep123@126.com**

发行电话：**010-68452845**

《中核智库“每月一讲”报告文集（2018）》

编　委　会

前　言

2015年1月20日，中共中央办公厅、国务院办公厅印发了《关于加强中国特色新型智库建设的意见》，在总体目标部分提出了中国特色新型智库应当具备八条基本标准，“多层次的学术交流平台和成果转化渠道”是其中的一条。

2013年7月，中核集团技术经济总院在中国核科技信息与经济研究院的基础上组建成立，被中国核工业集团公司党组赋予智库的定位。为此，总院制定了目标：到2020年，建成集团公司靠得住、用得上的专业智库；到2025年，建成国内具有一定政策影响力、社会影响力、学术影响力、国际影响力的核领域专业智库。

“每月一讲”是中核智库建设的重要举措，旨在通过该平台，增加内外部学习交流的机会，提高学术水平、营造学术气氛，展示年轻人的研究与学习成果，激发年轻人思考、奋进。

“每月一讲”报告会创建于2015年年初，至2018年年底共举办48期，由21位外部领导专家、5位院领导、54位院内员工，为大家作了80个报告。其中，2018年举办12期，由7位外部领导专家、12位院内员工为大家做了 19 个报告。

本报告文集收录 2018 年“每月一讲”的多数报告，涉及大国战略竞争、国家安全、公众沟通、行业政策、产业形势、智库建设、知识产权研究、书刊编研等内容，是《中核智库“每月一讲”报告文集》系列的第三本。

感谢“每月一讲”的每一位报告人，你们的研究成果、思想心得，使听众受益匪浅。

感谢总院领导与同事，为报告人的邀请、报告会的举办群策群力，使每次报告会能够顺利进行，取得比较好的效果。

感谢中国原子能出版社对本文集出版工作的大力支持。

特别感谢总院科技委同事的精心组织，你们的用心、坚持、专业与敬业，没有你们，就没有中核智库“每月一讲”。

感谢所有关心、支持、参与中核智库“每月一讲”的专家、同事与朋友！

中核集团技术经济总院党委书记、院长

二〇一九年九月

目　　录

院外领导专家讲

院内员工讲

王 青 145

智库产品中地图插图应注意的问题

意识形态工作是党的一项极其重要的工作，关乎旗帜、关乎道路、关乎国家政治安全。而地图则是意识形态的一个具体体现。报告通过讲述为什么要特别注意地图插图、地图插图中容易出现的差错以及如何避免差错出现，结合实际案例论述了智库产品中地图插图应注意的问题以及可能产生的重大政治影响，为广大科技工作者提供参考。

张 琳 157

守正创新 推动科技图书出版工作高质量发展

——科技编辑出版工作心得

报告分别从三个方面探讨了如何推动科技图书出版工作的高质量发展。首先编辑应适应新时代提出的新要求，其次内容的策划和编校质量是高质量发展的前提，最后创新思维是科技图书出版工作高质量发展的助推剂。

闫寿军 167

“中核智库”品牌建设

报告回顾了我国智库发展的背景，总结了影响智库发展的关键因素，得出了短期我院正处在高速上升期，长期我院还处在顶级智库建设的积累阶段，并从对内建设和对外宣传两方面论述了如何建设智库。

尹珊珊 177

我院开展知识产权金融服务之探讨

报告研究了国内外四家知识产权运营机构和企业的知识产权金融运作模式，总结了其中的经验教训，阐述了我院开展知识产权金融服务需要注意的关键问题，提出了相应的对策和建议。

张书玉 191

核科普新媒体

——音频读书节目

音频媒体近年来异军突起，受众增长势头迅猛，占据着人们日常生活的闲散时光。报告通过前期调研，分析总结现有音频节目情况与国民收听习惯，拟定适合于核科技信息传播的节目方针，根据听众反馈，对节目内容、语言风格、发布方式等不断改进，分析听众反馈，总结音频节目制作经验教训，探索一条适合于核科技信息传播的道路。

院外领导专家讲

王晓峰 / 我国涉核项目邻避问题分析及对策研究

我国涉核项目邻避问题分析及对策研究

为优化能源结构，改善环境污染现象，我国大力发展核工业，建设涉核项目。但近些年，邻避危机却成为我国核能行业发展的主要掣肘，究其原因，环境信息封闭、决策不透明，让公众的基本诉求无从表达，是涉核邻避运动的直接『导火索』。本文回顾了涉核邻避现象的起源与发展，深入剖析其产生根源，并对如何有效开展公众沟通，维护公众基本权益，维护环境基本权益，正确对待『邻避运动』提出对策建议。

主 讲 人： 王晓峰，研究员级正高级工程师。生态环境部核与辐射安全中心信息研究所所长，主要从事核与辐射安全领域的公众沟通、舆情应对、信息安全等工作。主持翻译和编写了约 30 册图书，其中科普图书约 18 册。组织拍摄的《核能安全公众科普知识宣传片》荣获 2014 北京科技微视频大赛最高奖项“特别奖”。《核与辐射安全科普知识手册》荣获 2016 年首届中国核科普奖一等奖及“环保科普创新奖”的三等奖（图书类）。《核与辐射安全科普系列丛书》和《核与辐射安全趣味科普系列丛书》分获“2017—2018 年度中国核科普奖”图书类一、二等奖，其中部分分册被生态环境部评为第二批全国环境保护优秀培训教材。个人曾获 2017 年度“中国核科普先进工作者”称号。此外还发表学术论文 30 多篇，在《环境报》上发表文章 10 多篇。

报告日期： 2018 年 12 月 6 日

我国涉核项目邻避问题分析及对策研究

积极推进核电建设、推动核电出口，对我国能源安全、经济发展及生态环保具有深远意义，也是提升中国国际影响力与竞争力的重要举措。但近些年，涉核邻避危机却成为核能行业发展的阻力，邻避抗争导致“一建就闹，一闹就停”，应急处置不当引发冲突升级造成社会秩序与治理能力危机，使政府和企业形象受损，以及“核”本身的“污名化”，产生的负面影响将持续影响到新建核设施[1]。鉴于此，深入剖析涉核邻避困境的根源，寻求破解涉核邻避困境的有效途径，对于重塑政府和企业形象、提振信心将起到极其重要的作用。

1 涉核项目邻避现象

“邻避运动”最早起源于西方国家。“Not In My Backyard”（不要建在我家后院）这个词由英国 20 世纪 80 年代的环境事务大臣尼古拉斯·雷德利创造，后来逐渐流行开来[2]。邻避现象，又叫邻避冲突，是指因邻避设施兴建而带来的各种抵制与抗议。邻避设施一般能够给大部分公民带来一定的利益和效应，但是它们往往也会导致比较严重的负外部性，比如身体健康的影响，生活环境的破坏以及房地产贬值等问题，居民一般会在邻避情结的支配下强烈反对它们建造在自家附近，从而引发邻避冲突。从这个词的起源上看，邻避现象跟环境保护密切相关，它的兴起是民众对自身合法利益和公平正义的追求。

1.1 核邻避现象的起源

核“邻避效应”是具有典型特征的“邻避效应”类型。世界核邻避最早出现于反核武器运动。1951 年至 1962 年，美国政府在内华达试验场附近进行了 100 次大气核试验。调查表明，核军备竞赛增加了公众的不安，尤其是大气核武器试验将放射性沉降物输送到全球。莱纳斯·卡尔·鲍林（Linus C Pauling）作为当时美国著名的化学家，致力于和平运动，从事宣传反对战争、主张科学为和平服务的活动，1962 年，Linus Pauling 因其阻止大气核武器试验的努力获得诺贝尔和平奖，接着，“禁止原子弹”运动扩展到整个美国以至全球。

太平洋天然气和电力公司（Pacific Gas & Electric）计划在美国博德加海湾（Bodega Bay）旧金山以北建造美国第一个商用核反应堆。该提议是有争议的，1958 年开始与当地居民发生冲突。Sierra 俱乐部（美国环保组织）积极参与了这次争论。冲突在 1964 年结束，结果是被迫放弃博德加海湾的核电厂。后来，又尝试在类似于博德加海湾的 Malibu 建造一座核电厂，但也被放弃。

到 70 年代，反核活动急剧增加。1977 年 7 月在西班牙毕尔巴鄂发生的反核能示威，吸引了多达 20 万人参与。三哩岛核事故后，1979 年 5 月，在华盛顿举行了一次大型反核示威活动，大约 65 000 人参加。1979 年 9 月 23 日，近 20 万人参加了在纽约市举行的抗议核电活动。1981 年，德国发生了有史以来最大的反核游行——抗议汉堡以西的布罗克多夫核电站。在这场运动中，10 万示威者与 1 万名警察发生冲突。1982 年 6 月 12 日，100 万人在纽约街头游行反对核武器，这是迄今为止最大规模的反核示威活动。切尔诺贝利核事故之后，1986 年 5 月，大约 15 万到 20 万名示威者在罗马抗议反对意大利核项目。在 21 世纪初，由于核反应堆设计的改进和对气候变化的担心，核电重新回到了一些国家能源政策的讨论中。然而 2011 年日本福岛核事故的发生，又掀起了新一轮的全球性反核浪潮，日本国内废除核电的呼声高涨，大规模的反核集会接连发生；德国、意大利、法国、韩国、中国台湾等国家和地区，都有民众发动反核示威游行。核事故的阴影使民众对于涉核项目安全的焦虑情绪难以减弱，涉核项目周围的居民们会担心此类项目影响其身体健康、环境质量和资产价值[3]，故采取高度情绪化的集体反对甚至抗争行为，引发所谓的“邻避运动”。

1.2 我国涉核项目邻避现象

随着我国现代化进程的加快、核能核技术的快速发展，加之国外“弃核”“反核”因素影响，我国涉核项目邻避问题近年也呈多发态势。涉核项目成为邻避冲突的敏感点、高发点和难点，尤其是新建核电选址（尤其是内陆核电）、核燃料循环设施、乏燃料后处理、放射性废物处理处置、研究堆成为涉核项目邻避问题的高风险区。近几年来，一些群体性事件的发生不仅使涉核项目停建，严重影响了我国核工业的产业布局和核能发展，而且对社会稳定造成不利影响。

在经济社会转型的大背景下，随着经济体制深刻改革、社会结构深刻变动、利益格局深刻调整、思想观念深刻变化，以及公众权利意识不断增强、利益诉求日益多元，加之各种势力复杂交错，由邻避效应应对不力、处置不当导致的邻避事件呈高发态势，且形成连锁反应和示范效应，加剧了核项目“污名化”程度，涉核项目陷入“一闹就停”的怪圈，严重透支了政府公信力与项目业主信用，造成巨大经济损失和社会稳定风险。

涉核邻避效应的产生与化解，均是多种因素综合作用的结果。梳理近年来国内一些影响较大的正反两方面事例，不难发现，一方面生态环境部门、能源部门、地方政府、行业组织和涉核企业等，正在尝试开展有意义的涉核邻避效应防范与化解的工作实践，如将公众参与和信息公开写入《核安全法》、出台《核电项目公众沟通指南》等，并取得了一定的成绩，2016 年国家层面也初步建立了相关部级联席会议机制。另一方面涉核邻避效应的防范与化解仍任重而道远。基于社会燃烧理论分析可知，公众、企业和政府的利益关系是防范与化解邻避问题的根本关键所在，信息及其传播作为邻避冲突的“助燃剂”是必要条件，具体突发事件作为“导火索”是直接条件。涉核项目邻避效应的防范与化解也正在努力从此方面着手，来处理公众、企业和政府间的矛盾。

2 涉核邻避现象的根源剖析

通过对上述几起典型邻避事件分析，不难看出随着公众参政意识的不断提高，对涉核项目的建设越来越关注，反对涉核项目建设的网络舆情事件或群体性事件时有发生。公众对自身居住环境和健康的担心，对政府等相关主体的不信任以及对风险、利益分担的不接受等因素都是引发邻避效应的可能因素，但究其根源分析有以下三方面。

2.1 社会转型期公众利益诉求意愿提高

当前，中国核电技术及安全标准已经走在世界前列，但项目建设尤其是内陆核电却面临着诸多社会问题，这与当前中国社会转型期的大背景密切相关，公众在关注“社会财富”的分配时也开始关注“社会风险”的分配[4]。

世界发展史表明，国家或地区人均 GDP 处于 1 000～3 000 美元时，往往是资源、环境、公共卫生、效率、公平等社会矛盾最为严重的时期，是矛盾的“凸显期”。跨越“凸显期”，美国用了 20

年，法国用了 17 年，联邦德国用了 13 年，韩国用了 10 年，日本用了 9 年，期间都曾出现过重大社会问题。而我国只用了从 2003 年到 2008 年的 5 年时间，至 2013 年我国人均 GDP 又翻一番达到 6 767 美元，2014 年约为 7 485 美元，按“十三五”期间经济增速为 7%预测，到 2020 年人均收入有望达到 1 万美元。

在我国从农业社会向工业社会继而向信息社会以近乎“神话”的速度高速发展的过程中，社会结构平衡难度加大，群体性事件频发，“邻避效应”严重影响了国家重大项目决策。

德国社会学家乌尔里希·贝克将科技高度发展的现代社会概括为风险社会，即技术给人类带来文明的同时，也威胁着人类生存安全，“生活在现代社会里即是生活在现代文明的火山口”。如今，核与辐射危机已成为风险社会关注的焦点，反核浪潮此起彼伏，核与辐射事故的后果打破了人们对技术、专家以及管理的信赖，安全诉求日益高涨。

2.2 媒体生态发生重大变革

我国社会转型除了具有时间短、速度快的特点外，转型期的媒体生态也发生了重大变革。“人人都是通讯社、个个都有麦克风、事事都有话语权”的“全民全媒”时代已经来临。

以数字技术为基础，以网络为载体进行信息传播的新媒体彻底改变了受众在信息传播中的被动地位，与此同时舆论杂音也开始日渐增多。如何运用新媒体化解社会风险对当前中国社会尤为迫切。2015 年 5 月，习近平总书记在中央统战工作会议上提出“新媒体中的代表性人士”将成重点团结对象，并要求“加强和改善对新媒体中的代表性人士的工作，建立经常性联系渠道，加强线上互动、线下沟通”。

2.3 公众对核风险的非理性认知

一方面，与其他社会风险相比，核安全具有“技术的复杂性、事故的突发性、处理的艰难性、后果的严重性、影响的深远性、高度的社会敏感性”等天然负外部特性，公众难以凭借自身的科学知识和生活经验理性的认识其特性。另一方面，民众对核风险的感知既包括科学理性的认知，也包括经验感性的认识，美国学者 Paul Slovic（斯洛维奇）指出专家和外行民众对“风险”的内涵有着不同的理解，在风险感知方面存在着显著的差异，专家对风险的判断基本依据专业数据指标，而外行民众对风险的感知与其产生的危害是否熟悉、是否致命、能否可控、是否害怕等因素直接相关，不太考虑风险的技术指标。核电行业界以堆芯损坏频率以及放射性物质大规模向环境释放的概率来表示核电的风险。有别于从事核行业工作和研究的人员，公众对核风险的认知首先来自核武器的巨大威力及在战争中应用带来的毁灭性灾难。美国学者皮特·山德曼（Peter Sandman）认为“风险＝危害＋愤怒”[5]。它不仅包括了科学家们“理性”计算出的风险及危害，而且还扩充了公众对风险“感性”反应和心理恐慌。民众对核电设施对自身健康和生存环境潜在危害的感知，加之媒体大规模的报道加剧了民众对核电设施危害的严重性和潜在灾难的恐惧，进一步加深了民众对核风险的认知偏差。

3 对策建议

涉核邻避从客观风险、风险感知、风险决策、邻避抗争，到最终的危机，构成了涉核邻避的整个生命周期。把控其生命周期每个阶段的风险点，对于防控“涉核客观风险”最终演化为“涉核邻避危机”具有重要的作用。从全生命周期来看，当公众对涉核项目的环境安全、经济利益等客观风险产生风险感知后，将会做出一些应对风险的决策行为，即传播信息降低焦虑、采取自保行动，甚至发展为对抗。在整个过程中，公众的权利诉求能否受到尊重、能否通过正规渠道表达，即公众能否全面深入地参与到涉核项目的决策过程当中，关系到公众的决策行为是否会发展为对抗甚至邻避抗争。因此，有效的公众沟通对于有效处理风险，防止风险恶化，进而提高风险管理者自身及其所提供信息的公信力有极其重要的作用。

3.1 重视科普宣传，探索双向传递的创新模式

（1）识别关键群体，实施精准宣传。邻避项目公众沟通，面对的公众复合混杂，不同人群关切不同、诉求不同，沟通中不能“一锅烩”，应通过细致工作加以区分，采取针对性措施。对于一般公众，重在解决认知问题求认同。对于利益相关方，重在解决利益问题求稳妥。而对于“反核”群体，应针对其不同动机，制定不同的应对措施，例如：对于因承担风险或利益受损的人士，应建立相应补偿机制；对于由于缺乏核与辐射专业知识，对核能发展存在误解的人士，建立沟通及联络机制；对于极端人士的核恐慌言论以及网民的攻击性、偏激性的评论，应给予警告和协调处理等；对于借助核电项目进行恶意炒作的发泄者甚至敌对势力，则属于对抗性矛盾，重在有效防控、坚决打击。

（2）注重信息双向传递，建立理解和信任。众多实践表明，个人的决策不是理性的，更多是基于情感倾向和社会信任决策的，尤其是互联网时代，公众更加趋于感性。在舆论宣传中，文化情感因

素扮演着至关重要的角色。因此，传统的科普宣传方式应当寻求转变，不应再单纯灌输“我需要你知道的”，而应当在广泛的社会参与基础上传播“我们彼此都想知道的”。在核知识传播时，需要讲好核安全故事，带给公众一种感性的核安全体验，培养公众对于核安全的积极情感，增进信任水平和对风险的接纳程度。

（3）消除谣言、正本清源。在信息时代背景下，以互联网为主的全媒体、多渠道传播方式具有传统媒体无法比拟的反应速度、来源渠道、更新频次与整合能力。这些特点在为科普工作带来便利的同时，也因传播主体和受众角色的相对模糊，信息来源可靠性检查缺失等因素，造成网络谣言的迅速传播。站在科普宣传的角度，应充分利用新媒体的互动性与民众一起参与到阻止谣言散播的讨论中，并及时地向民众报道事件情况，吸取群众的可行性建议，为有效解决网络谣言创造良好环境。

3.2 做好信息公开和公众参与，建立风险管理中的社会信任

（1）信息公开的内容需要更加丰富。随着公众环境利益意识上升以及环境事件造成的严重损害后果，公众对那些有潜在环境风险隐患的建设项目产生了惯性的排斥心理。在此情形下，必须使公众

真正了解相关建设项目对他们环境利益的真实影响，才能降低公众对于各种建设项目的盲目抵制。今后应当在现有法定信息公开内容的基础上，结合相关建设项目的类型与选址从技术性、环境影响性、经济利益性以及生活便利性等多角度不断扩展信息公开的内容，进而增加公众对建设项目的理解和信任[6]。

（2）信息公开的灵活性要提高。信息公开作为公众参与的重要保障，不仅应当强化政府、企事业单位等责任主体的信息公开义务，而且要体现环境利益多元化背景下信息公开的灵活性。当政府发布某项涉核建设项目的环境信息时，该信息往往属于事后告知的性质，并未对项目周边公众的环境利益诉求予以考量。公众未获得事前告知和利益诉求表达的情况下，对于这种“突如其来”的决定往往会进行激烈的反抗和抵制。所以，在环境决策的事前、事中、事后形成完善的信息公开机制将是提升信息公开灵活性的重要内容。与此同时，鉴于信息受众主体获取信息能力与条件的不同，信息公开的责任主体也要根据具体实际选取符合公众需要的公开方式，确保环境信息能准确地被相关利益主体所接收。不能仅局限于表面化的公众听证会、信息发布，要建立畅通多样的意见表达和信息传播的平台和通道。运用微信、微博、手机报等多种媒介进行信息分享和风险沟通，增强网络意见表达的回应性，提升公众获取信息的便捷性、及时性和有效性[7]。

（3）对公众参与的重视度要加强。随着经济社会发展，环境影响评价公众参与面临新的形势和要求。我国环境影响评价公众参与目前仍处于起步探索阶段，尽管有基本法律体系作为支撑，但由于在实践环节中由于受到社会、经济、政治等诸多因素制约，存在的问题日益突出。2019 年 1 月 1 日施行的《环境影响评价公众参与办法》对核设施环境影响评价中的公众参与又有了新的规定。政府、监管部门、企业应落实新的法规要求，坦诚面对公众，充分尊重周边绝大多数居民在邻避设施的设置决策中享有的平等参与权和决策权，不选择性推行公众参与。逐步争取公众对项目的接受和认同[8]。必要时还可诚邀部分居民代表作为该项目建设的工程质量监督员，让公众尽可能了解项目建设情况，能用公平的角度审视项目建设，并通过正常渠道向政府反映社情民意等。

（4）推动环评和稳评中的公众参与机制相互融合。我国建设项目行政管理的顶层设计决定了环评和稳评分属于生态环境部、发改委两个部委。这两项制度均显著发挥了风险防控作用，但执行过程中也暴露出了边界不清、内容交叉等诸多问题。环评和稳评都是涉环保项目的施工建设单位和业主单位的行为，且为了保证项目所在地利益相关群众的知情权和参与权，两项制度均对实施过程中的公众参与组织形式做出了具体要求。由于其设计初衷都是从源头上预防项目建设前期可能存在的环境风险和社会风险，故两项制度具有在法理上衔接的可行性。因此，从长远发展考量，环保、发改两部委应建立协商沟通机制，共同探索推动环评和稳评中的公众参与机制融合。以项目建设单位为主体组织统筹开展公众参与，结果共用，避免工作交叉重复造成的资源浪费。

（5）深度开展公众参与工作。项目立项后，根据《环境影响评价法》《环境影响评价公众参与办法》，严格按程序实施环境影响评价，做好公众参与工作，通过采用问卷调查、座谈会、听证会、专家论证会等形式公开征求公众意见。地方政府及项目单位要特别注重公众意见反馈渠道的运营和维护，确保能够及时收到公众意见，并给予反馈，以防由民意拥堵引发群体事件。同时根据新的《环境影响评价公众参与办法》，有关环境风险疑虑较大且专业技术性较强的领域需组织召开针对性的公众座谈会或听证会。对于涉核邻避项目尤为要注意深度的公众参与。对于听证会或座谈会参与人员应包括公众代表和项目所在地的地级市人民政府、项目建设单位的代表。公众代表的选择应综合考虑性别、年龄、职业、文化程度等因素，并考虑选择部分前期参与问卷中调查持支持意见、反对意见或无明确意见的公众代表，非政府组织成员和当地知名人士等。同时项目实施单位应事先征集公众代表的问题，根据后处理项目建设的影响范围和影响程度等相关情况，合理确定座谈会的议题。

3.3 开展舆情监测与应对，建立完备的应急状态公众沟通策略预案

（1）加强舆情监测与研判。探索完善新媒体监测手段，提高监测有效性。加强对热点话题、重大活动的专项监测和重点对象的定点监测，强化涉核项目邻避问题舆情监控措施，早发现早处理，及时回应，果断处置。完善舆情预警制度，在项目建设信息公告期以及项目环境影响评价受理、拟批复、批复等发布公告时期，要特别注重加强舆情监测，及时分析公众舆论趋势，把握舆论风险变化，根据公众关注焦点问题，及时解疑释惑，妥善处理公众诉求，有效预防重大舆情和群体性事件的发生。重大政策和敏感事件处置要做好舆情风险评估。

（2）提高舆情应对能力。善管善用各类媒体开展舆情应对，发挥传统主流媒体作用的同时，注重对网络空间、新兴媒体、社会力量的运用和管控。充分发挥网络意见领袖和环保社会组织的积极作用，有效回应媒体和公众关切。与意见领袖和第三方团体合作，通过全媒渠道和社交平台，针对特定区域和人群，进行靶向发布与互动引导。与外事、外宣部门配合做好对外宣传工作。核安全监管部门建立舆情应对专家库，开展舆情危机干预策略研究，研判风险走

向和参与群体，分类应对、精准出击。

（3）强化法律维权意识。作为核安全领域的顶层法律，《核安全法》中制定了相关法条对违法行为进行处罚和追责，应强化法律维权意识，对严重夸大失实、恶意造谣传谣、非法串联维权、扬言极端行为等信息进行控制、封堵及查处，依法采取措施，严惩责任人。同时，充分发挥各相关机制作用，坚决回击敌对势力的挑拨炒作。统筹网上网下、境内境外，严防对邻避项目的妖魔化炒作，特别是境外负面舆论向境内倒灌扩散[9]。

参考文献：

［1］王堃，章翔．涉核邻避有生命周期，需寻找关键风险点“对症下药”［EB/OL］．（2018－07－11）．http://yuqing.people.com.cn/n1/2018/0711/c420070－30141301.html．

［2］寒竹．“邻避运动”的起源与化解之道［J］．社会科学文摘，2014（5）：32－34．

［3］刘久．由涉核项目引发的邻避现象的法律研究［J］．法学杂志，2017（6）：75－83．

［4］王晓峰．保证核安全必须善用社会力量［N］．中国环境报，2015－6－18（6）．

［5］杨波．公众核电风险的认知过程及对公众核电宣传的启示［J］．核安全，2013（1）：55－59．

［6］段帷帷，秦天宝．结合邻避现象分析以信息公开推进环境保护公众参与法治化［J］．世界环境，2017（3）：18－19．

［7］李宏伟．我国核能行业邻避效应及治理路径研究［J］．环境保护，2015，（21）：48－51．

［8］陈润羊．我国核电发展中公众参与的机制研究［J］．电力科技与环保，2015（12）：57－60．

［9］徐宇宁．重大项目如何化解邻避效应［N］．学习时报，2017－01－09（4）．

院内员工讲

中美贸易战：以知识产权之名

报告介绍了中美贸易战的有关背景，回顾了作为中美贸易战导火索的美国『301 调查』制度的发展史和相关典型案例，分析了本次『301 调查』报告的主要内容，并给出了相关启示和建议。

主 讲 人： 王洁，女，1985 年 10 月生，2012 年毕业于北京大学法律专业，同年进入中国核科技信息与经济研究院知识产权所工作至今。现任中国核科技信息与经济研究院知识产权所法律事务室副主任，执业专利代理人，具有法律职业资格。长期从事知识产权研究与咨询工作，具有丰富的知识产权管理、专利代理工作经验，获得中核集团科技进步三等奖 1 项，公开发表学术论文 10 余篇。

报告日期： 2018 年 4 月 26 日

中美贸易战：以知识产权之名

1 中美贸易战的背景

2018 年 3 月 23 日，美国总统特朗普在白宫正式签署对华贸易备忘录，对从中国进口的 600 亿美元商品加征关税，并限制中国企业对美投资并购，正式拉开“中美贸易战”的帷幕。

1.1 中美贸易战的导火索

该事件缘起于 2017 年 8 月美国对中国发起的“301 调查”。美国贸易代表办公室（以下简称“USTR”）针对中国政府在技术转让、知识产权、创新等领域的实践、政策和做法是否不合理或具歧视性，以及是否对美国商业造成负担或限制开展调查。2018 年 3 月 22 日，USTR 发布了《根据 301 条款对中国有关技术转让、知识产权和创新的法律、政策、行为的调查报告》（简称“301 报告”），宣布了不利于中国的调查结论，随后美国总统根据该法案的授权，决定实施针对中国政府的单边制裁措施。

1.2 美国 301 条款

“301 条款”是指《1988 年综合贸易与竞争法》第 1301～1310 节的内容，包含“一般 301 条款”、关于知识产权的“特别 301 条款”、关于贸易自由化的“超级 301 条款”以及“306 条款监督制度”。该系列条款授权美国贸易代表可对他国的“不合理或不公正贸易做法”发起调查，并可在调查结束后建议美国总统实施单边制裁，包括撤销贸易优惠、征收报复性关税等。

“一般 301 条款”指美国《1974 年贸易法》第 301 条，主要是针对贸易对手国所采取的不公平措施。根据“一般 301 条款”，当有任何利害关系人申诉外国的做法损害了美国在世界贸易协定下的权利或其他不公正、不合理或歧视性行为给美国商业造成负担或障碍时，USTR 可进行调查，决定采取撤销贸易减让或优惠条件等制裁措施；USTR 也可根据上述情况决定是否自行启动调查。该条款授予美国总统对他国影响美国商业的“不合理”和“不公平”的进口加以限制和采用广泛报复措施的权力。所谓“不公平”指不符合国际法或与贸易协定规定的义务不一致；“不合理”则指定，凡严重损害美国商业利益即为“不合理”。

“特别 301 条款”始见美国于《1974 年贸易法》第 182 条，《1988 年综合贸易与竞争法》第 1303 条对其内容做了增补，是针对知识产权保护和知识产权市场准入等方面的规定，专门针对那些美国认为对知识产权没有提供充分有效保护的国家和地区。USTR 每年发布“特别 301 评估报告”，全面评价与美国有贸易关系的国家的知识产权保护情况，并视其存在问题的程度，分别列入“重点国家”“重点观察国家”“一般观察国家”以及“306 条款监督国家”。对于被美国贸易代表办公室列入“重点国家”，在公告后 30 天内对其展开 6～9 个月的调查并进行谈判，迫使该国采取相应措施检讨和修正其政策，否则美国将采取贸易报复措施予以制裁。

“超级 301 条款”在《1988 年综合贸易与竞争法》中首次提出，是针对他国贸易障碍和扩大美国对外贸易的规定。该条款规定美国政府可一揽子调查解决他国的整个对美出口产品方面的贸易壁垒问题，所以该条款的规定比“一般 301 条款”更强硬，适用范围更广泛，更具浓厚的政治色彩，故被称为“超级 301 条款”。

1.3 “301 调查”的程序

USTR 可以根据每年发布的《特别 301 报告》《外贸壁垒国家贸易评估报告》或美国总统指令启动“301 调查”程序。根据调查结果和 USTR 建议，总统可以采取加征关税、限制进出口等报复性措施，并且征收关税的产品可以与实施调查的产品不一致。

2 美国“301 调查”的发展史与相关案例

2.1 “301 调查”的诞生

“301 调查”的诞生和发展与美国贸易保护主义的抬头密不可分。20 世纪 70 年代之前，美国政府和经济学界普遍推崇贸易自由主义理念；然而，1971 年美国首次由出口顺差国转为出口逆差国，随着贸易逆差不断扩大，美国国内贸易保护主义的呼声不断提高，旨在限制自由贸易的《1974 年贸易法》应运而生，首次提出了“301 条款”；20 世纪 80 年代中后期，美国将其国际竞争力下降的主要原因归咎于其知识产权没能在世界范围内得到保护，随后

《1988 年综合贸易与竞争法》再次强化和扩大了“301 条款”的应用范围，使得这一“贸易核武器”在美国推行贸易保护主义的过程中发挥了更加巨大的作用。

2.2 “301 调查”的历史

自 1974 年“301 调查”诞生以来，美国历史上共发起 125 起“301 调查”，如图 1 所示。其中，97 起“301 调查”发生在 1995 年世贸组织成立之前，占全部案件数量的 3/4；而世贸组织成立之后，美国政府发起“301 调查”的频率开始逐步降低。这是由于美国在批准 WTO 协定时发布的《行政行动声明》中承诺：贸易代表如作出美国在世贸规则项下权利受损的决定，必须基于世贸组织争端解决机制所作出的裁决；美国不能通过“301 调查”单边认定其他国家的做法是否违反 WTO 规则，如果处理与 WTO 相关的纠纷，美国必须依据世贸规则和争端解决机构的最终裁决来处理。

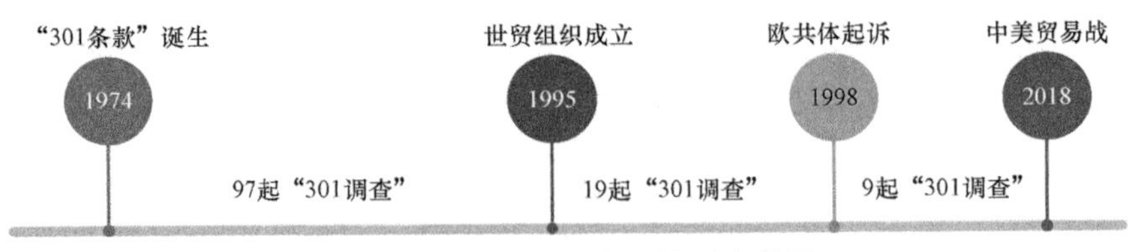

图 1 美国“301 调查”的历史数据

在 1995 年至 1998 年期间，美国政府运用“301 调查”的脚步并没有减缓，反而由 1995 年前的年均 4.6 起攀升至年均 6.3 起。1998 年，欧共体向世界贸易组织（WTO）起诉美国“301 调查”违反世贸协定，通过 WTO 争端解决机制使得美国政府有所收敛。在 1998 年后，美国发起的 9 起“301 调查”均以提交 WTO 争端解决机制予以解决，没有采取加征关税等单边报复性措施。

2.3 “301 调查”的典型案例

2.3.1 针对日本发起的“301 调查”

历史上，美国政府共发起过 16 起（占总发起数 13%）针对日本的“301 调查”，如图 2 所示。1974 年，美国政府针对日本钢铁产品发起“301 调查”，日本政府经过一年多的谈判作出让步，双方签订《美日特殊钢进口配合限制协定》；1985 年 7 月，美国政府针对日本半导体产业发起“301 调查”，日本政府经过与美国政府的商贸谈判后作出让步，双方于 1986 年签订《美日半导体协定》，承诺自主限制出口和在日本市场接受外国制造的半导体；1989 年 6 月，USTR 认为日本在政府巨型计算机政府采购、卫星政府采购、木林产品等方面存在封闭市场和技术歧视性使用的行为，与之开展 18 个月的外交协商，最终迫使日本开放相应的国内市场；同年，

USTR 发起对于日本全行业的“301 调查”，包括储蓄与投资、土地政策、分配体系、排他性商业行为、企业集团和价格机制等 6 个方面，经谈判后双方签订了《美日结构性障碍协议》，该协定也被认为是日本经济衰落中起点和最重要的原因之一。

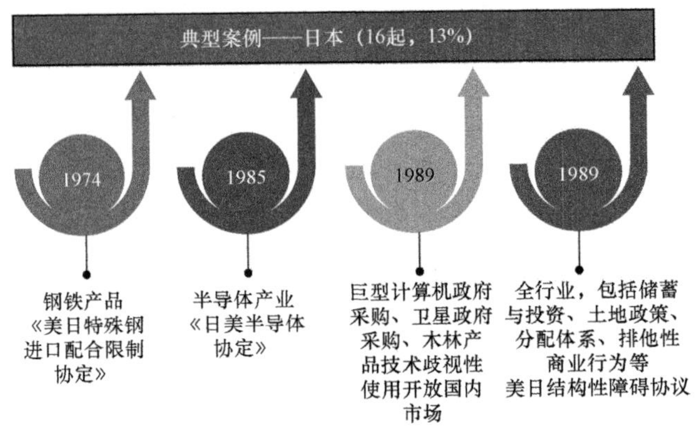

图 2　美国针对日本发起的“301 调查”

由此可见，在日本经济高速发展的七八十年代，美国充分运用“301 调查”这一贸易保护的“核武器”对日本的经济发展进行限制，并且在日本政府的不断妥协下，取得了很好的实施效果，有效遏制了日本在经济上对美国霸主地位的追赶和挑战。

2.3.2　针对巴西发起的“301 调查”

20 世纪 90 年代前，巴西经济主要走的是进口替代的发展模式。美国以信息产业为突破口，连续发起了数起“301 调查”，促使巴西政府经济体制改革，对外开放市场。1985 年，USTR 发起关于巴西信息产业的“301 调查”，巴西政府和民众予以激烈反对。经过

3 年的商贸磋商，巴西没有按照美国政府要求作出开放市场的承诺，因此美国总统于 1988 年宣布对巴西纸张、药品和个人用电子产品加征 100%报复性关税。随后，USTR 于 1989 年针对巴西政府影响信息产业的进口数量管制及许可措施再次发起“301 调查”并威胁加征关税。1990 年，双方政府达成一致，巴西政府承诺修改相关法律取消进口管制措施，美国停止制裁。

虽然巴西政府是迫于美国“301 调查”和贸易战的强大压力做出了对外开放市场的承诺和经济改革举措，但随后其积极调整发展思路予以应对，采取的“新巴西计划”和“工业/农业产品质量计划”等政策有效整合国内产业结构，提升了巴西产品的国际竞争力。因此，虽然巴西对“301 调查”的抗争失败，但其积极的应对态度和发展策略使得其国内经济并未受到影响，反而走上了经济发展的快车道。

3 针对我国的“301 调查”

2018 年 3 月 22 日，USTR 发布“301 调查”报告，全称为《对根据 1974 年贸易法第 301 条进行技术转让、知识产权和创新的中国的行为，政策和做法进行调查的结果》。该报告主要包括了概述、中国对美国公司在中国的不公平技术转让制度、中国的歧视性许可限制、境外投资、未经授权侵入美国商业计算机网络和网络盗窃知识产权和敏感商业信息、中国的其他行为、政策和实践这6个部分。

该报告主要论述了 4 种中国政府侵犯美国商业利益的行为：（1）不公平的技术转让制度；（2）歧视性许可限制；（3）政府引导的境外投资；（4）网络窃取商业秘密行为。

3.1 不公平的技术转让制度

在报告第二章，USTR 主要指责中国政府通过《外商投资指导产业目录》以及其他法律法规要求他国企业在进入特定领域时，需要与中国公司合作，从而导致他国企业失去对技术的绝对控制权。此外，中国企业受到政府施压，向外方提出技术转让要求，使得技术转让成为市场准入的条件。随后，报告以新能源汽车和飞机制造为例，指责了中国“引进、消化、吸收、再创新”的政策。

3.2 歧视性许可限制

在该报告第三章，USTR 针对《中华人民共和国技术进出口管理条例》（TIER）和《中外合资经营企业法实施条例》中的部分条款，提出了关于侵权索赔、改进技术所有权、合同期满后的技术使用权等事项的国民待遇问题。详细研读该部分内容能够发现，USTR 关于《中外合资经营企业法实施条例》中部分条款存在与其他法律规定不同步、不适配等问题的论证逻辑严谨、印证充分。从中可以看出 USTR 在选取问题和撰写报告方面的专业性，作为导火索的“301 调查”报告绝不是仓促出台的文件，也反映出美国政府为开打贸易战投入了大量人力物力收集素材，并非临时起意。

3.3 政府引导的境外投资

在该报告第四章，USTR 主要指责中国政府通过对企业境外投资的干预实现产业政策目标。其中，重点分析了中国政府“一带一路”倡议和中国企业“走出去”战略，并以《集成电路工业发展和推广指导方针》《信息与通信产业发展规划（2016—2020）》为例，指责政府通过国有企业和国有银行等实体引导企业进行“国际产能合作”以获取先进技术。

3.4 网络窃取商业秘密行为

在该报告第五章，USTR 主要指责中国政府长期支持对美国公司进行网络入侵盗取机密信息的行为，获取了大量未经授权但极具商业价值的商业信息。该部分甚至以 AP1000 技术引进为例，指责中国政府通过网络盗窃西屋公司商业秘密争取谈判立场和技术设计的优势，并在“十二五”规划中明确要求中国全面掌握西屋公司的 AP1000 核电设计技术并按照国内设施完成标准涉设计。

通过对美国此次“301 调查”报告的分析可以看出，美国政府为该报告投入了大量人力物力，从中国法律法规和制度性文件的细节入手进行了大量深入细致的研究，可见美国政府发起贸易战并非特朗普总统的一时兴起，美国政府机构和许多智库已进行了长期、充分的准备。

4 启示与建议

4.1 贸易战以“限制中国技术引进和科技创新”为主要目的

通过对“301 调查”报告主要内容的详细分析可以看出，其调查要点全部指向技术领域，而非贸易逆差。由此可见，此次美国发起的贸易战主要以限制中国技术引进和科技创新为目的，直接指向

“中国制造 2025”“走出去”“军民融合”等国家战略、“一带一路”倡议和“引进、消化、吸收、再创新”的技术发展路线。可以推测其将采取的报复性措施将集中在高新技术领域，意图通过限制技术引进影响中国的核心技术研发。近期，美国政府针对中兴、华为等通信技术领域以及中广核等重点国资背景企业发起的一系列调查和限制措施即是最好印证。

4.2 做好打持久战的心理预期与应对策略

通过对美国“301 调查”历史和相关案例的分析可以看出，美国政府运用“301 调查”开展贸易战的经验十分丰富，并且均获得有利于美国政府的结果。对于此次贸易战，可以推测美国政府决心坚定、信心十足，很难以眼前利益使其妥协。此外，随着美国国内贸易保护主义势力的抬头，核工业作为大国重器的典型代表，已经引起美国政府的高度关注。美国政府发起的关于“232 调查”和发布的《美国对中国民用核能合作框架》反映了其国内核行业关于贸易保护的强烈呼声，可能为我们“走出去”的国际环境带来一定程度的不稳定因素。因此，应当做好打持久战的心理准备，做好风险防范的应对策略。

4.3 加强基础科学研究和原始创新

自发起“301 调查”以来，美国政府采取了一系列限制企业向中国输出先进技术、设备和材料的措施，包括针对中国核工业发出的《美国对中国民用核能合作框架》。在这一背景下，我们应当转变跟随创新的思维模式，加强基础科学研究，强化原始创新。通过自力更生，掌握核心技术，推动自主创新能力的大幅提升，将命运掌握在自己手里。

4.4 掌握核心技术，实现“国产化”向“自主化”的升级

现阶段，在核燃料元件设计和制造技术自主化程度大幅提升的同时，在生产设备、专用工具、检测设备、材料等方面还存在少量的进口依赖，存在一定数量的仿制设备，这是在出口过程中存在知识产权等风险的本源。鉴于此，要进一步加强自主创新，在核燃料元件设计和制造技术、设备、材料等领域掌握具有自主知识产权的核心技术，实现出口产品和技术“国产化”向“自主化”的过渡，这才是风险防范最根本的途径。

从应对美国『337』调查谈起

——探讨核电『走出去』中的专利预警和保护工作

报告介绍了美国『337』调查的基本情况，分析并探讨了我国遭受的『337』调查案件中涉及专利侵权的案件情况及应对策略，得出了在中美贸易摩擦日益激烈的背景下，我国核电企业需要积极开展专利预警和保护工作的结论。

主 讲 人： 张雅丁，男，1986 年 6 月生，2011 年 3 月毕业于北京航空航天大学，同年入职中国核科技信息与经济研究院核工业知识产权研究所工作至今。现任中国核科技信息与经济研究院知识产权领域科技带头人，具有专利代理人资格。从事国防军工领域知识产权研究咨询工作，主持或参与数十项国家重大科技专项，国家能源局、国防科工局、军委装备发展部、中核集团的知识产权科研项目。获中核集团科技进步奖 2 项，公开发表学术论文 10 余篇，在核领域知识产权研究咨询方面具有丰富的理论和实践经验。

报告日期： 2018 年 4 月 26 日

从应对美国“337”调查谈起

——探讨核电“走出去”中的专利预警和保护工作

1 美国“337”调查概况

随着经济全球化进程加快，知识产权在整个国际贸易体系中的地位日益重要。美国作为知识产权国际保护的主要推动国家，一直对知识产权态度积极，意在把自己的科技优势逐步上升为知识产权优势，从而不断捍卫自己的国际地位，提升贸易的竞争力。“337”调查作为美国保护其知识产权的重要手段，是指美国国际贸易委员会（United States International Trade Commission，简称 USITC）根据美国《1930 年关税法》（Tariff Act of 1930）第 337 节（简称“337 条款”）及相关修正案进行的调查，禁止的是一切不公平竞争行为或向美国出口产品中任何的不公平贸易行为。

这种不公平行为具体是指：产品以不正当竞争的方式或不公平的行为进入美国，或产品的所有权人、进口商、代理人以不公平的方式在美国市场上销售该产品，并对美国相关产业造成实质损害或损害威胁，或阻碍美国相关产业的建立，或压制、操纵美国的商业和贸易，或侵犯合法有效的美国商标和专利权，或侵犯了集成电路芯片布图设计专有权，或侵犯了美国法律保护的其他设计权，并且美国存在相关产业或相关产业正在建立中。

“337”调查的对象为进口产品侵犯美国知识产权的行为以及进口贸易中的其他不公平竞争。“337”调查认定条件简单，并且手段强硬，是美国企业阻止相关竞争对手的产品进入美国市场的最有效的法律方法，已经成为国内企业进入美国市场的最大阻碍。

2 中美贸易摩擦中的美国“337”调查

据统计，自 1975 年以来，美国“337”调查涉及中国企业中，84%的涉案企业在美国没有专利、9%的企业只有 10 件以下的专利、仅 1%的企业拥有 100 件以上的专利。我国每出口 1 亿美元的商品仅拥有 0.4 件专利保护，而美国、日本甚至韩国的专利布局数量是我国的数倍甚至数十倍。正是由于我国企业知识产权意识的薄弱以及国际化竞争的加剧，导致我国成为美国“337”调查的主要对象国和最大受害国。

从图 1 中可以看出，截至 2017 年 6 月，我国遭受的 267 起“337”调查案件中，有 230 起案件涉及专利侵权，专利侵权成为美国对中国“337”调查最主要的诉由。

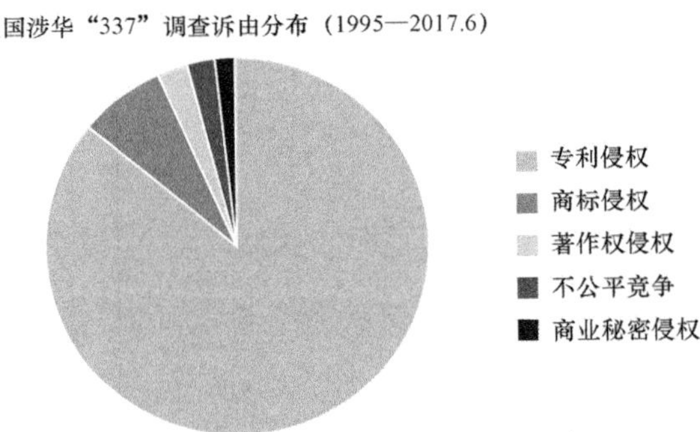

图 1 美国涉华“337”调查诉由分布示意图

我国的一些企业，往往由于自身技术存在知识产权问题，或是知识产权意识淡薄、面对美国调查有畏难情绪等，直接放弃应诉，从而带来重大的损失。比如 2006 年 2 月 17 日，美国爱普生公司向美国国际贸易委员会提出申请，指控中国在美销售的墨盒产品侵犯了其关于喷墨打印机墨盒的专利，要求对其启动“337”调查。我国国内一些厂家为了与爱普生打印机兼容，不得不采用了爱普生的专利技术，给自身的独立设计产品预留了一道专利陷阱。所以此案的“337”调查让国内墨盒厂商避无可避。中国企业放弃应诉，意味着将停止中国通用耗材产品在美国境内的进口、销售、分销、营销等行为，这对于出口占总产能 90%的国内通用耗材产业来说，无疑是个灭顶之灾。

“337”调查程序中，在如下情况下和解是更合适的应对策略：被告也拥有自己的专利技术，可以与原告进行交叉许可；被告方承认原告专利的合法性，愿意支付合理的专利许可费；双方具备良好的合作前景等。典型的案例就是在北京奥运会中运用技术打造奥运五环表演的鸿利光电子企业，在“337”调查中与美国企业达成和解，不仅使其摆脱了长期的法律纠纷，还成为我国唯一取得美国授权技术的企业，巩固了其市场地位，同时解除了我国相关产业面临的普遍排除令和禁止令。而且其应诉调查所花费的费用创下我国新低，仅 100 万美元左右。作为对比的是，2011 年起，华为、中兴在应诉连续 5 起的“337”调查过程中，尽管都获得胜诉，但支出的诉讼费近 2 亿美元，显然是中小企业难以承受的。

随着我国企业技术实力的发展及知识产权保护意识的不断提高，其应对美国“337”调查方法越来越成熟，开始出现越来越多的应诉并获得成功的案例。比如 2012 年 7 月，美国 Inter Digital 公司以中国的华为公司和中兴公司向美国出口的部分无线消费性电子设备及其组件侵犯其专利权为由，提出“337”调查的申请。华为公司和中兴公司积极应诉，通过组织专业技术团队结合法律和知识产权人员分析专利保护范围，最终结果是裁定美国 Inter Digital 公司提起诉讼中的七项专利中六项没有构成侵权，而另外一项专利无效，华为和中兴不侵权。

3　核电“走出去”的专利预警和保护

目前美国还没有针对中国提出过核工业领域内的“337”调查，我国也暂时没有把核电技术出口到美国的可能性。其他国家也还没有类似美国的“337”调查这种主动的以知识产权为名直接针对企业排除本国市场的法律和行政条款。但是，美国能源部核安全局在 2018 年 10 月份针对中国核工业发布了一份禁令，涉及轻水小堆、非轻水先进反应堆、CAP1400 的专有设备、“华龙一号”的专有设备、核工业的工程设计与管理软件等在 2018 年 1 月 1 日以后的新技术转让。上述禁令表明虽然不是通过“337”调查的形式，但美国已经开始加紧管制出口到中国的民用核能科技。

“华龙一号”是中国具有完全自主知识产权的三代核电技术。而具有自主知识产权，是“华龙一号”三代百万千瓦级压水堆核电机型可以独立出口的必要条件。随着我国核电技术的发展和国际市场的不断开拓，作为新的“国家名片”，我国新型核电技术背后必须有知识产权的支撑。而由于专利保护的地域性特点，以“华龙一号”为代表的我国核电技术进入每个目标市场国，都会面临全球范围内竞争对手在当地设置的专利壁垒带来的侵权风险。如何保障不侵犯他人专利权，同时进一步保护自主知识产权成果，是“‘华龙一号’走出去”过程中亟须考虑的重要问题。

保障不侵犯他人专利权，就需要对国内外竞争对手在我国和目标出口国的专利申请进行统计分析，明确竞争对手专利情况，特别是明确竞争对手设置的专利壁垒情况——即专利研究工作中的“探雷”。从广义上讲，这项工作是企业在进入某个特定技术领域之前，从目前此技术领域内的专利申请情况、目前专利申请技术密集程度及核心专利的持有者、产品对专利技术的依赖程度等方面，大致评估进入此行业的专利侵权风险。从狭义上讲，专利侵权风险评估是针对特定的产品，在具体的产品研发、生产、销售过程中，根据企业需要有针对性地对相关专利进行调研，锁定可能关联的专利，并评价自有产品的专利侵权风险评估。

专利侵权风险应对——即专利研究工作中的“排雷”，是企业主动进行的风险防范活动。面对专利壁垒一般有以下几种做法，如果该专利已经获得授权，则看一下能否进行规避设计，绕开侵权；如果实在绕不开，可以主动联系专利权利人，看能否获得专利许可，甚至购买该专利；也可以尝试主动无效掉改专利；或者在专利基础上申请外围专利，将来可进行交叉许可，降低侵权风险。当然，如果该专利尚未获得授权，则可评估一下授权前景，主动阻止专利授权。具体的应对策略如图 2 所示。

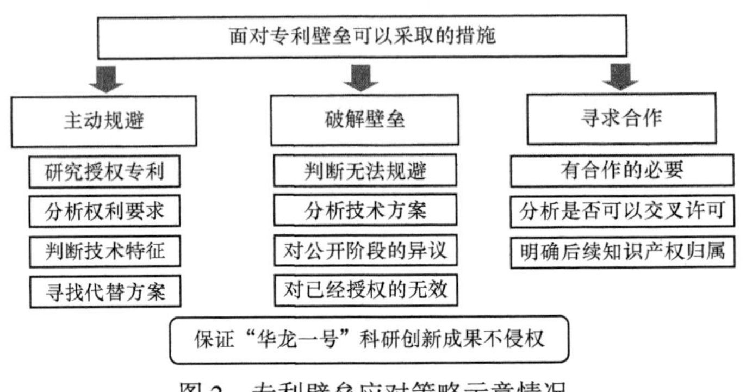

图 2　专利壁垒应对策略示意情况

专利布局即“布雷”，是指企业综合考虑产业、市场和法律等因素，对专利进行有机结合，涵盖了企业利害相关的时间、地域、技术和产品等维度，构建严密高效的专利保护网，最终形成对企业有利格局的专利组合。作为专利布局的成果，企业的专利组合应该具备一定的数量规模，保护层级分明、功效齐备，从而获得在特定领域的专利竞争优势。企业的专利布局工作，经目标确定、方案制定，最终将落实成为专利组合申请。申请专利时，尤其是在专利布局思想指导下申请组合专利时，如果掌握一定的策略，理解利弊，将有利于专利价值更好的体现，进而最大程度的支持企业市场竞争和经营发展。

在中美贸易摩擦日益激烈的时代背景下，不仅仅需要鼓励企业把产业做到海外，把技术推广到海外，更需要把知识产权布局到海外，形成一个综合的竞争优势。对于国内核电企业，无论是否已经有海外市场，都需要先梳理企业自身的知识产权状况，培养企业高层的知识产权保护意识，加强对上下游产品知识产权的调查，对海内外竞争对手的知识产权状态进行分析等工作，做到清楚自己有什么、别人有什么、行业有什么、海外有什么，同时能够知道针对现在的知识产权态势下，下一步需要做什么、怎么做。

中核集团的核电战略中明确提出，开拓国外市场，参与国际合作，建立积极进取的企业文化，打造具有国际影响力的核电品牌。目前，中核集团对外专利申请数量较少，无论是提升核心竞争力的需要，还是打造知名品牌的需要，都需要积极地对外开展专利布局工作。而且，由于专利权的排他性质，积极在国外进行专利布局，能够帮助中核集团绕开竞争对手的技术壁垒，成功为我们挣得国外核电市场的“土地使用权”，进而在选定的土地上开发属于我们自己的“楼盘”，真正实现“走出去”战略。

中核集团并购重组外部环境分析

报告回顾了中核集团并购重组的历程、取得的主要成绩，从国家对央企并购重组的政策导向、并购重组的市场环境等方面梳理了中核集团并购重组的外部环境，并结合中核集团产业特点与发展需求，提出了中核集团强化并购重组工作的思路建议。

主 讲 人： 何昉，男，1984 年 8 月生，海南文昌人，2016 年 6 月毕业于北京师范大学，获经济学博士学位。毕业后进入中国核科技信息与经济研究院工作至今，现任工程师。目前主要从事核能经济分析、军民融合发展、企业战略规划等方面的研究。工作以来先后承担中核集团、国防科工局、核能行业协会等部门的研究课题 10 余项，以第一作者身份发表国家核心期刊论文 4 篇。

报告日期： 2018 年 6 月 21 日

中核集团并购重组外部环境分析

1　并购重组概念简析

1.1　并购重组的定义

并购是指不同实际控制人之间的企业控制权交易行为，广义上是指企业兼并与收购。兼并是指在竞争中占优势的企业购买另一家企业的全部资产，合并组成一家企业的行为，即 A+B=A/C。其中，A 企业兼并 B 企业，兼并后 A 依然合法存在，B 取消，则为吸收合并；兼并后 A、B 取消，组成 C 企业，则为新设合并。收购是指一家企业收购另一家企业一定数量的股权而获取该企业控制权或经营权的行为，即 A+B=A/（A+B）。其中，A 企业收购 B 企业，收购后，A 企业依然合法存在，B 企业可以取消，也可以作为

A 企业的一个子企业继续存在。以上只是对兼并和收购形式上的区分，两者虽有区别，但实际上很难严格区分开，而且两者实质上都是影响企业产权的变化，所以在本文统称并购，不再细分。

重组是指企业资源的重新组合，通常指同一控制人下的企业控制权的转移，即企业制定和控制的、将显著改变企业组织形式、经营范围或经营方式的计划实施行为，包括出售或终止企业的部分经营业务；对企业的组织结构进行较大调整；关闭企业的部分营业场所，或将营业活动迁移等内容。从资产负债表来看，重组可分为资产重组、负债重组和股权重组，负债重组与股权重组被统称为财务重组。财务重组往往是对陷入财务危机的企业而言，所以本文主要关注资产重组，资产重组是资本运营产生的结果，即并购（资本运营的方式之一）会产生资产重组的结果。

并购重组，字面上是“并购+重组”的合成词，实质上是指企业通过并购方式重新配置资产，包括剥离不良资产、配置优良资产，充分发挥现有资产效益，使企业经济效益最大化。具体来讲，并购重组是两个或两个以上企业以合并、组建新企业或相互参股等方式实现资产重组的行为，是企业在市场机制下为获得其他企业的控制权而进行的产权交易活动。本文定义的并购重组，其内涵更偏重于并购的资本运营方式，而将结果表现为资产重组。实际上，并购重组从根本上将会改变企业的资产价值、股权结构和治理结构，是对企业商业模式重构的一种资本运营方式，是资本市场的一项重要功能，更是企业做大做强的必经之路。

1.2 并购重组的动因

企业并购重组已经有上百年历史，期间诸多学者从各个角度进行了大量的实证以及定性的理论研究，比如效率理论、市场势力理论、代理人理论及其他理论。研究表明，并购重组的动因分为内因和诱因两种。内因指企业自身具有的追求协同效应、市场实力提升、获取优质资产、进行产业重组等内在的冲动。诱因指有利于企业并购重组活动的外部环境因素，比如技术革新、低价资产出现、经济环境剧变、法律管制放松、市场流动性变化等。在此基础上，中国企业还兼有中国特色的并购重组动因，例如消除亏损企业，解决员工就业、组建企业集团、提升国际竞争力、优化配置资源、调整国有资产结构、借壳上市等，如图 1 所示。

1.3 并购重组的价值

诺贝尔经济学奖获得者乔治·斯蒂格勒根据对美国企业的研究得到一个著名的结论：“美国没有一个大公司不是通过某种程

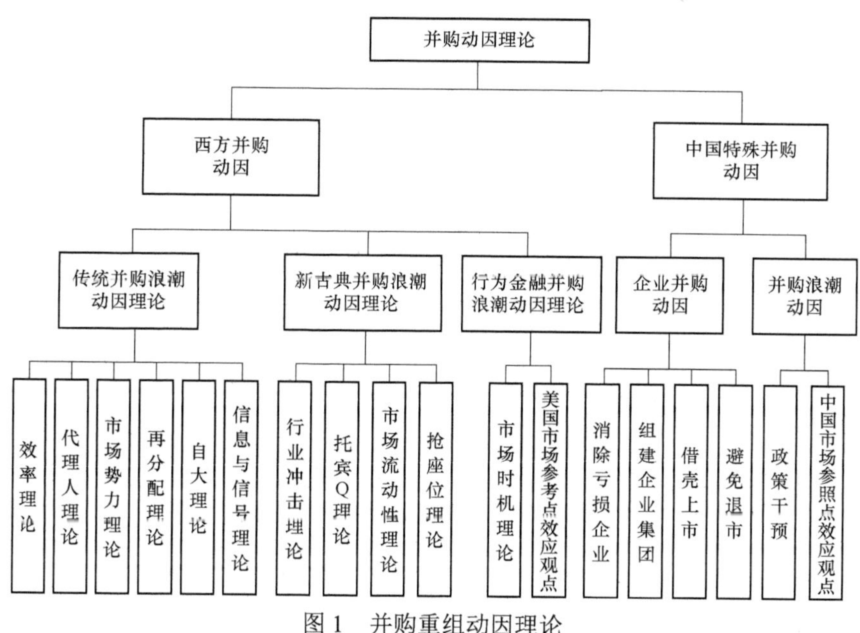

图 1　并购重组动因理论

度、某种方式的兼并而成长起来的，几乎没有一家大公司主要是靠内部积累成长起来的。”并购重组作为企业资本运营的重要手段之一，对于企业的发展具有重要价值，其主要体现在以下四个方面：

第一，并购重组能为企业带来规模经济效应。一方面，带来企业的生产规模经济效应。企业可以通过并购重组，对企业的资产进行补充和调整，达到最佳经济规模，降低企业的生产成本。同时，并购重组使企业有条件在保持整体产品结构的前提下，集中在一个工厂中进行单一品种生产，达到专业化水平，还能解决专业化生产带来的一系列问题，使各生产过程间有机地配合，以产生规模经济效益。另一方面，带来企业的经营规模经济效应。

企业通过并购不同企业，可以针对不同的顾客或市场进行专门的生产和服务，满足不同消费者的需求，可集中足够的经费用于研究、设计、开发和生产工艺改进等方面，迅速推出新产品，采用新技术，同时，企业规模的扩大使得企业的融资相对容易等。

第二，并购重组能给企业带来市场主导效应。一方面，企业通过纵向并购重组上下游关联的企业，控制大量关键原材料和销售渠道，有力地控制竞争对手的活动，提高企业所在领域的进入壁垒和企业的差异化优势。另一方面，企业通过横向并购重组活动，可提高市场占有率，能够形成规模经济，成为市场的领军者。优势企业以规模与效益实施并购重组战略，从而使企业规模扩大，市场占有率提高，利润率提升，竞争力增强，凭借竞争对手的减少来增加对市场的控制力，从而主导市场。企业增强市场势力的并购重组活动通常有两种。一是在需求下降、生产能力和资源过剩的情况下，企业通过并购重组取得实现本产业资源合理化分配的目的。二是在区域竞争中，区域内企业遭受区域外企业的强烈渗透和冲击的情况下，企业间可通过并购重组对抗外来竞争。

第三，并购重组可帮助企业实现资源优化配置，达到资源共享，提高资源利用率。人、财、物等资源是企业经营的主要对象，其总量是有限的，关于资源的竞争日趋激烈。企业通过并购重组，可充分利用社会上的存量资源和相关企业拥有的其他资源，提高资源的使用效率和产出效率，从而实现企业间的资源优化配置，达到资源共享，做到强强联合。

第四，并购重组帮助企业以最低成本实现多元化发展。企业并购重组可保持原有的经营领域，同时向新领域扩张。对于企业集团，进入一个新领域，长时间用以投资建厂、开发或引进新产品技术、招募新员工、开发市场等并不经济。企业集团通常在进入新产业或新业务领域时，更倾向于用并购重组的方式快速实现企业的多元化经营。

2 中核集团并购重组现状与需求分析

2.1 中核集团并购重组需求分析

中核集团战略定位是国家核科技工业的主体，战略核威慑力量的核心，核能和平利用的主力军，是核科技创新和市场开发的引领者，国家安全、生态环境和人类健康的守护者。“十三五”及今后一个时期，中核集团发展的总基调将是“安全高效、创新发展”，实现“ 做强做优，世界一流”。

目前，中核集团拥有国内最完整的核产业链，包括从铀矿勘查、采矿、铀浓缩、燃料组件设计和制造到后处理的核燃料循环产业链，从多种堆型设计、工程到核电站运营、技术服务以及退役的核动力产业链。经过多年发展，中核集团已经形成以核能为核心的产业布局，包括核动力、核科技研发、核电、核燃料循环、核技术应用、核素医疗、核电设备、建设工程、产业服务、环保工程等。核科技研发领域涉及核基础科学、前沿科学、核动力、核电、天然铀、核燃料、乏燃料后处理、放射性废物处理处置等领域技术的研发；核电是中核集团的龙头产业，是中核集团经济增长的支柱，包括核电投资、核电运行、维护、检修、核电销售等业务，新能源包括风电、光电、水电、地热能开发等业务；天然铀领域涉及铀地质勘查、开采、铀矿冶；核燃料加工领域涉及铀纯化转化、铀同位素分离、离心机制造、核燃料元件制造等环节，是中核集团发展的基础产业，是与核电产业紧密配套的上下游产业；核技术应用领域包括同位素及其制品、辐照加工产品和服务、射线仪器设备、等离子技术产品以及环保技术产品和有特色的化工产品等，是中核集团主业中市场化程度高的产业；环保工程主要包括核设施退役及放射性废物治理、乏燃料运输、乏燃料后处理以及民用领域环产业开拓；建设工程主要包括核能工程、工业与民用建筑工程等的研发、设计、总包、招投标、采购、施工、监理等业务；装备制造主要包括核设备制造以及仪器仪表的研发、生产、采购、贸易等业务；产业服务主要包括医疗、金融、贸易等产业，是中核集团核工业产业的重要支撑。

核能产业方面，国家已经明确了“十三五”期间的发展目标，即到 2020 年，核电运行装机容量达到 5 800 万 kW、在建装机容量达到 3 000 万 kW。根据核能行业协会等有关机构的研究，我国核电发展仍处于战略机遇期，是国家现代能源体系建设、应对气候变化和建设美丽中国过程中的不可或缺者，预计 2035 年国内核电装机容量将达到 1.5 亿～1.8 亿 kW，加上核能在工业制氢、工业供汽、清洁供暖等多用途利用方面的前景，我国核能仍存在较大的发展空间。随着三代核电示范项目在我国全面落地，未来三代核电技术将实现批量化、规模化发展，核电将形成更良好的安全、清洁、经济的社会形象，并实现更大规模的建设与发展。由此带动包括核燃料、核动力、装备制造、零部件供应、工程建设、运营技术服务等核电全产业链的更大发展。同时，在国际上，随着福岛核事故不利影响的逐渐减弱，以及我国“一带一路”倡议的推行，更多“一带一路”国家将核电建设作为能源发展的重要选项，市场空间较为广大。随着“华龙一号”示范工程 2020 年的建成以及配套产业链的不断完善，中国将具备三代机组的全要素输出能力，使中核集团获得了更长远的发展前景。目前，我国的核电建设融资模式已经从秦山一期时的国家财政投资模式转向企业依靠自身积累和引入外部资本筹资资本金，并进行债务融资的模式，考虑到核电建设的巨额资金需求，用好资本运作手段已经成为核电企业筹集发展资金的关键支撑。

核技术应用产业方面，随着我国的转型升级，核素医疗、辐照服务、辐射加工等业务都还有较大的市场潜力。特别是党的十八大将健康中国建设上升为国家战略，提出“没有全民健康，就没有全面小康”；十九大报告在此基础上进一步提出了“人民健康是民族昌盛和国家富强的重要标志”的论断，提出“实施健康中国战略，要完善国民健康政策，为人民群众提供全方位全周期健康服务。”核医学是核技术与医学及相关学科结合的产物，是一门交叉学科和边缘学科，在世界已成为医学中不可或缺的一员。国际原子能机构自创立以来就把核医学列入原子能和平利用的重大领域之一。目前，我国核医学总体上达到了世界水平，但是由于我国人口众多、基层条件较差，平均水平与发达国家相比仍有较大差距，与美国差距更大。例如，我国每百万人口拥有加速器为 1.42 台，而 WHO 要求每百万人口配备 2～3 台直线加速器的标准，美国和法国分别为 12.4 台和 7.5 台；再如，2017 年，美国的人均核素治疗支出从 2012 年的 39.1 元增长至 56.5 元，2013 到 2017 年的复合增长率为 9.7%，而中国的人均支出仅从 2013 年的 2 元增长至 2017 年的 3.2 元，与美国存在较大差距。随着健康中国战略的实施，放射性药物、核特色医疗、核医疗设备等领域存在着爆发式增长的机会，与之相关的健康管理、康复养老、培训教育等领域也蕴含着巨大的增长潜力。由于核医疗是市场化程度较高的产业，在激烈的市场竞争中，企业必然需要通过并购重组实现做强做大的目标。

另外，可再生能源、核环保等领域也蕴含着巨大的发展市场，以中核集团在电站投资运营、维护保障等方面的核心竞争力为支撑，强化对可再生能源、环保领域资产的投资并购和资源充足，有利于中核集团快速扩大相关产业的规模，优化资源配置效率，提升市场占有率，并向上下游延伸，是中核集团新型业务实现快速成长的必然要求。

2.2 中核集团并购重组历程回顾

2.2.1 构建上市公司体系，发挥资本市场功能

截至 2018 年 8 月，中核集团控股上市公司六家、新三板挂牌公司两家、参股上市公司一家，资产证券化率约 59.2%，位居我国军工集团前列，控股上市公司市值接近 1 200 亿元。其中，境内市场控股上市公司三家，分别为中国核能电力股份有限公司（中国核电）、中国核工业建设股份有限公司（中国核建）和中核苏阀科技

实业股份有限公司（中核科技）；境外市场控股上市公司三家，分别为中核国际有限公司（中核国际），中国核能科技集团有限公司（核能科技）和中国同辐股份有限公司（中国同辐）。新三板挂牌公司两家，分别为原子高科股份有限公司（原子高科）和江河机电自动化设备股份有限公司（江河股份）。参股上市公司一家，为广东东方锆业科技股份有限公司（东方锆业）。

中国核电作为中国A股第一家核电股，于2015年6月10日在上海证券交易所上市，募集资金131.9亿元。上市以后，中国核电业绩实现稳步增长，法人治理结构不断完善，核心实力得到加强，获得社会广泛认可。中国核电充分运用上市公司平台功能，2017年启动可转债发行工作，拟募集资金78亿元。

中核科技于1997年由国营五二六厂改制成立并上市，募集资金1.5亿元。上市后，中核科技于2011再融资发行股票，以每股26.6元竞价发行，募集资金3.04亿元。

中国核建于2016年6月6日实现A股IPO，公开发行5.25亿股股票，募集资金约为18.22亿元。2018年，中国核建启动再融资工作，预计融资规模约30亿元。

中核国际为中核集团2008年实现海外铀业公司香港上市的借壳平台。2009年7月，中核国际完成借壳后的首次股本融资4.39亿港元。2010年3月，中核国际发行可转换债券融资4.14亿港元。

2013 年，原中国核工业二三国际有限公司全面收购前德兴集团有限公司已发行股份实现上市，后于 2015 年更名中国核能科技。2017 年 6 月 29 日，中国核能科技完成一次配股，向原股东配售了 1.8 亿股，每股配售价格 1.01 港币，募集资金约为 1.82 亿港币。

中国同辐于 2018 年 7 月 6 日在香港主板上市，募资 17.27 亿港元。中国同辐以产品经营与资本运营并重为原则，实现公司快速发展，进一步提升中核集团在国内核技术应用业的地位，把企业建设成为国际同位素及辐照技术行业有影响力的知名企业。

中核集团上市公司对中核集团经济发展做出了重要贡献，中国核电于 2015 年 6 月 10 日发行上市，上市后，中核集团的资产证券化率由 1.6%提高至 60.61%；近三年，上市公司对中核集团的收入贡献率平均约 40%，利润贡献率平均约 62%。2018 年 5 月，中国核电和中国核建被纳入 MSCI 指数体系。

2.2.2 推动内部资源专业化重组，资源配置效率有效提高

为提升资源配置效率，发挥规模经济、范围经济效应，中核集团以专业化、市场化经营为目标，持续推动内部资产整合优化，资产配置质量得到有效提升。

2011 年集团通过重组分散的内部资产，设立中国同辐公司、宝原资产控股公司，建成集团核技术应用产业专业化平台和集团股权

经营与资本运作平台，资产收益率在中核集团各产业中名列前茅。

2017 年，中核集团相继成立中国铀业、中核环保两个二级专业化公司，推动天然铀、核环保产业实体化、市场化发展。调整内部设备、材料制造资源，强化中核浦原管理职能，打造集团装备制造产业板块。加强中原公司海外市场开发职能，提升海外发展资源保障。

2.2.3 加强制度体系建设，强化资本运营制度保障

中核集团积极推进资本运营管理制度体系建设，自成立以来陆续出台多项资本运营相关管理制度，包括《股东事务管理办法》《资产处置管理办法》《融资管理办法》《市值管理（二级市场股票交易）暂行办法》《上市管理办法》等。为更好地推动中核集团股权投资工作，2018 年，中核集团进一步出台《股权投资管理暂行办法》。此外，投资后评价管理细则、上市公司权益性融资管理细则等相关制度正在编制。

2.2.4 加强境内外股权投资工作，探索资本驱动发展模式

随着资本运营制度体系的健全完善，近年来中核集团围绕核主业及延伸产业开始推动境内外股权投资工作，收获了一定成绩和经验。

境内股权投资方面，2013 年中核集团通过换股入主东方锆业，

通过增资相对控股西部新锆，构建起了完整的核级锆产业体系。通过现金及资产收购中海油新能源风电资产，提升集团新能源板块的竞争力。中核控股投资航天精工、并购深圳餐饮企业，优化非核民品产业布局。

境外股权投资方面，中核集团加大股权收购保障海外天然铀资源开发，成功收购纳米比亚 LH 项目 25%股权。此外，中核集团还尝试参与新阿海珐和 ANP 公司参股投资工作，进一步积累了国际核工业资本运营经验。

3 中核集团并购重组的外部环境分析

3.1 政策环境分析

近年来，党中央、国务院高度重视国有企业资本运营工作，持续推动国有企业“管资本”改革。国资委贯彻落实党中央国务院关于以管资本为主加强国有资产监管、有效防止国有资产流失的要求，积极强化中央企业资本运营工作，同时不断完善中央企业资本运营监督管理政策，中央企业资本运营工作的政策环境趋向规范化。

3.1.1 推动中央企业加强并购重组

2015 年 8 月，中共中央、国务院出台《中共中央 国务院关于深化国有企业改革的指导意见》（中发〔2015〕22 号），“1+N”制度体系文件陆续颁布。在 22 号文总行动纲领指导下，央企围绕“中央企业兼并重组试点”的国家战略需要，积极推动并购重组相关工作，具体表现为在国资委的主导下，集中优势资源，实施专业化重组、组建股份制公司等，减少重复投资和同质化发展，坚持成熟一户、推进一户。

22 号文明确提出，推进商业类国有企业改革。商业类国有企业按照市场化要求实行商业化运作，以增强国有经济活力、放大国有资本功能、实现国有资产保值增值为主要目标，依法独立自主开展生产经营活动，实现优胜劣汰、有序进退。主业处于充分竞争行业和领域的商业类国有企业，原则上都要实行公司制股份制改革，积极引入其他国有资本或各类非国有资本实现股权多元化，国有资本可以绝对控股、相对控股，也可以参股，并着力推进整体上市。对这些国有企业，重点考核经营业绩指标、国有资产保值增值和市场竞争能力。主业处于关系国家安全、国民经济命脉的重要行业和关键领域、主要承担重大专项任务的商业类国有企业，要保持国有资本控股地位，支持非国有资本参股。这些国有企业，在考核经营业绩指标和国有资产保值增值情况的同时，加强对服务国家战略、保障国家安全和国民经济运行、发展前瞻性战略性产业以及完成特殊任务的考核。

《国务院办公厅关于推动中央企业结构调整与重组的指导意见》（国办发〔2016〕56 号）提出重组整合一批央企：一是推进强强联合。统筹走出去参与国际竞争和维护国内市场公平竞争的需要，稳妥推进装备制造、建筑工程、电力等领域企业重组，集中资源形成合力，减少无序竞争和同质化经营，有效化解相关行业产能过剩。二是推动专业化整合。在国家产业政策和行业发展规划指导下，支持中央企业之间通过资产重组、股权合作、资产置换、无偿划转、战略联盟、联合开发等方式，将资源向优势企业和主业企业集中。三是加快推进企业内部资源整合。鼓励中央企业依托资本市场，通过培育注资、业务重组、吸收合并等方式，利用普通股、优先股、定向发行可转换债券等工具，推进专业化整合，增强持续发展能力。压缩企业管理层级，积极推进管控模式与组织架构调整、流程再造，构建功能定位明确、责权关系清晰、层级设置合理的管控体系。四是积极稳妥开展并购重组。鼓励中央企业围绕发展战略，以获取关键技术、核心资源、知名品牌、市场渠道等为重点，积极开展并购重组，提高产业集中度，推动质量品牌提升。并购重组中要充分发挥各企业的专业化优势和比较优势，尊重市场规律，加强沟通协调，防止无序竞争。

为助推中央企业并购重组，国务院国资委先后设立了总设计规模达 2 000 亿元的国有资本风险投资基金，以及规模达 3 500 亿元的中国国有企业结构调整基金，推动央企实现创新发展和结构调整。

3.1.2 规范中央企业投资行为

《国务院办公厅关于建立国有企业违规经营投资责任追究制度的意见》（国办发〔2016〕63 号）明确指出了责任追究的范围主要包括：（1）集团管控方面。所属子企业发生重大违纪违法问题，造成重大资产损失，影响其持续经营能力或造成严重不良后果；未履行或未正确履行职责致使集团发生较大资产损失，对生产经营、财务状况产生重大影响。（2）转让产权、上市公司股权和资产方面。未按规定履行决策和审批程序或超越授权范围转让；财务审计和资产评估违反相关规定；组织提供和披露虚假信息，操纵中介机构出具虚假财务审计、资产评估鉴证结果；未按相关规定执行回避制度，造成资产损失等。（3）投资并购方面。投资并购未按规定开展尽职调查，或尽职调查未进行风险分析等，存在重大疏漏；财务审计、资产评估或估值违反相关规定，或投资并购过程中授意、指使中介机构或有关单位出具虚假报告；未按规定履行决策和审批程序，决策未充分考虑重大风险因素，未制定风险防范预案；投资参股后未行使股东权利，发生重大变化未及时采取止损措施等。（4）风险管理方面。内控及风险管理制度缺失，内控流程存在重大缺陷或内部控制执行不力；对经营投资重大风险未能及时分析、识别、评估、预警和应对；过度负债危及企业持续经营，恶意逃废金融债务；瞒报、漏报重大风险及风险损失事件，指使编制虚假财务报告，企业账实严重不符等。（5）改组改制方面。未按规定履行决策和审批程序；未按规定组织开展清产核资、财务审计和资产评估；故意转移、隐匿国有资产或向中介机构提供虚假信息，操纵中介机构出具虚假清产核资、财务审计与资产评估鉴证结果；将国有资产以明显不公允低价折股、出售或无偿分给其他单位或个人；在发展混合所有制经济、实施员工持股计划等改组改制过程中变相套取、私分国有股权；未按规定收取国有资产转让价款等。

2017 年 1 月 18 日，国资委印发《中央企业投资监督管理办法》和《中央企业境外投资监督管理办法》，从“管投向、管程序、管风险、管回报”四个方面构建投资监督管理体系，促进中央企业加强投资管理。中央企业投资应当服务国家发展战略，体现出资人投资意愿，符合企业发展规划，坚持聚焦主业，大力培育和发展战略性新兴产业，严格控制非主业投资，遵循价值，创造理念，严格遵守投资决策程序，提高投资回报水平，防止国有资产流失。两项办法提出通过负面清单的形式为央企投资行为划定红线，实行分类监管；同时更加强调境外投资的风险防控和资产安全保障。

2018 年 7 月 13 日，国资委印发《中央企业违规经营投资责任追究实施办法（试行）》，提出了依法实行重大决策终身问责、贯彻落实“三个区分开来”重要要求等责任追究原则，进一步明确了中央企业违规经营投资责任追究的范围、标准、责任认定、追究处理、职责和工作程序等。

总体上看，当前党中央、国务院及国资监管部门高度重视国有企业资本运营工作，将资本运营作为国有企业深化改革、创新发展的重要抓手，同时不断完善规范国有企业资本运营的监管环境，也对国有企业资本运营的专业化和规范化提出了更高要求。

3.2 市场环境分析

3.2.1 我国并购重组交易规模不断攀升

据东方财富统计的最新数据显示，2018 年我国共完成并购重组事件 28 567 起，已披露的交易金额汇总为 46 993.62 亿元，与 2017 年的 76 218.08 亿元相比，减少 38.35%。在我国防范金融系统性风险和推进金融供给侧结构性改革的作用下，2018 年我国并购重组交易规模虽然出现明显下降，但相对于 2013 年的 10 238.2 亿元，依然显著增长了约 359%。另外，根据摩根大通的统计数据，2009 年至 2015 年，我国企业并购规模占全球总规模的比例由 2%增长到 15%。

当前，我国并购市场具有明显的中国特色，突出表现为政策导向型。产业政策和监管政策调整深刻影响我国并购市场。当前，国有企业上市公司约占总市值 20%，大多数传统国有企业上市公司通过跨界并购、产业升级并购等方式来实现业务结构调整，而民营企业则通过市场化的机制体制将资源盘活，广泛参与贸易、医疗、工业消费品、房地产、生物制药、化工等行业的并购重组。2017 年，受相关政策影响，国内并购市场降温，上市公司终止并购频现。一是并购重组新规出台和监管力度加大双重施压，标的企业的不确定业绩及财务数据导致多家企业终止并购行为。二是 IPO 审核加速，很多优质标的企业放弃并购重组的策略，直接转向 IPO 市场。

3.2.2 并购重组市场的发展趋势

资本市场逐渐成为我国企业并购重组的主渠道。数据显示，2010 年至 2012 年，上市企业并购重组数量占我国企业全部并购重组数量的 26%、26%、36%。而 2013 年至 2016 年，上市企业并购重组数量占我国企业全部并购重组数量的一半以上，分别为 53%、56%、55%、52%。按全市场口径统计，2013 年上市公司并购重组交易金额为 8 892 亿元，到 2016 年已增至 2.39 万亿元，年均增长率 41.14%，居全球第二。

产业整合式并购重组将逐渐成为主流。从市场规律看，产业发展到成熟阶段时需要通过并购重组来淘汰落后产能，提高产业集中度，实现规模经济效益。未来，我国产业整合式并购重组将有快速增长，引发新一轮并购重组浪潮。其中，上市企业因交易成本低、交易效率和市场化程度高等有利因素，将作为产业整合式并购重组的主力。现阶段，产业整合式并购重组还主要表现在上市企业对非上市企业的并购重组，未来可能会演化为上市企业之间的并购重组。

跨境并购重组比例将不断攀升。数据显示，我国上市公司跨境并购交易额和宗数快速增长，如图 2 所示。随着我国经济快速发展，以及“一带一路”倡议的深入实施，我国企业将在全球范围广泛配置劳动力、资本、技术等生产要素，跨境并购重组将以技术赶超型的创新方式实现弯道超车，整合新的市场领域，进而反向整合传统市场。

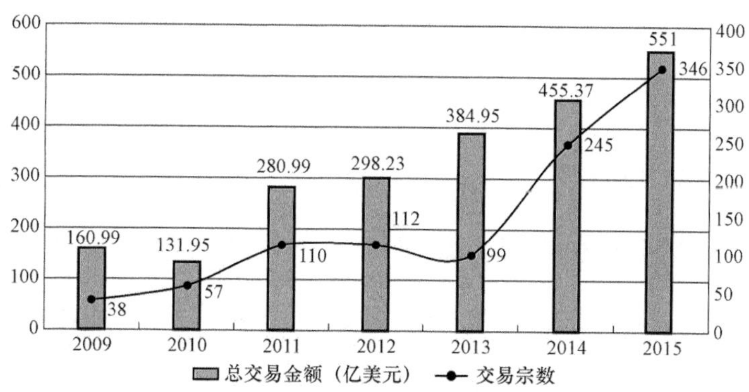

图 2 中国上市公司跨境并购交易规模统计

注：数据来源于私募通。

3.2.3 中央企业并购重组扎实推进

在国有企业深化改革系列政策的引导下，中央企业以供给侧结构性改革为主线，聚焦服务主业发展，聚焦核心竞争力提升，不断加大资本运营力度，取得了显著成效。

一是央企的整体布局不断优化。通过重组整合，国有资本向关系国家安全、国民经济命脉和国计民生的重要行业和关键领域不断集中，中央企业的控制力、影响力、带动力明显提升。目前，国有资本在军工、电网电力、石油石化、交通运输、电信、煤炭等行业占比达 80%以上。

二是央企的行业结构不断优化。央企重组推动行业集中度有效提升，并通过去产能、强创新等途径，带动所在行业结构优化、转型升级。如重组后的中国建材水泥总产能达 5.3 亿 t，位居全球第一。企业通过整合内部资源、执行错峰限产等方式，加快实施水泥去产能，推动产品向高性能化、特种化、商混化、制品化发展，带动了行业价值的回归。

三是央企的业务结构不断优化。央企借助重组契机，加快业务整合，推动业务向价值链高端发展。如高铁作为“走出去”的国家名片之一，南北车重组为中国中车后，形成合力推动出口产品、出口地区、出口形式、出口理念等多方位的转变，完成业务升级的同时，迅速占领国际市场。

四是央企的资产质量不断优化。通过“压减”工作，缺乏价值创造能力的企业被关停注销，央企的资产质量被夯实。截至 2019 年 5 月 31 日，中央企业累计减少法人 14 023 户，存量压减比例达 26.9%，超额完成 3 年压减 20%的目标，法人户数降至 45 895 户。通过压减工作，目前中央企业的管理层级已全部控制在 5 级以内；累计减少人工成本 292 亿元，减少管理费用 246 亿元。此外，通过并购重组，央企还实现了企业规模实力、资源配置效率、创新水平、经营业绩、服务国家战略能力等五个方面的提升。

4 几点思考

4.1 资本运营已成为央企建设世界一流企业的战略支撑

在当前国有企业深化改革、建设具有国际竞争力的世界一流企业的背景下，我国中央企业更加注重国有资产保值增值，更加注重放大国有资本引领功能，更加充分发挥资本运营对企业发展的驱动作用，不断强化资本运营工作和能力建设，保障企业新时代发展高质量发展。例如，在中国船舶工业集团新出台高质量发展战略纲要中，加强资本运作被列为加强科技创新之后的第四条保障措施，占据显著地位。

中核集团作为我国核科技工业的主体企业，肩负着保障国防建设、服务经济发展的双重使命。十九大报告指出要深化国有企业改革，培育具有全球竞争力的世界一流企业，为中核集团未来的发展指明了方向。世界一流企业的特征之一正是较强的资本运营能力，这正是当前中核集团存在的短板之一。面向新时代，中核集团上下必须正确认识资本运营对集团建设世界一流企业的重要支撑作用，提高对资本运营工作的意识、认识和知识，将提升企业资本运营能力作为自身发展的重要方向，将资本运营充分融入发展战略、规划的制定中，充分发挥并购重组手段对企业科技创新驱动、资源配置优化、产业结构调整的作用，推动企业高质量发展。

4.2 资本市场发展为资本运营营造了积极的外部环境

当前，我国多层次资本市场体系建设和改革持续推进，2019 年 7 月即将开市的科创板，是资本市场全面深化改革的全新探索，将架起科技创新企业与金融资本的桥梁；境内外资本市场互联互通持续推进，沪港通落地实现沪港股市互联互通，沪伦通加速推进，未来国外机构投资者的加入，有望促使国内市场投资者的投资理念加快转向价值投资，为优质企业发展营造了更好的市场环境；资本市场融资规模在波动中持续增长，产业并购融资比例持续提升，支撑企业并购规模保持增长；国防军工、新兴行业成为市场关注点，优质股票流动性将显著提高。

核工业属于典型的国家战略性产业，中核集团是国有重要骨干企业，是服务我国国防建设的重要军工集团之一，符合当前资本市场的关注主流。核电产业具有稳定的现金流和利润，可以为投资提供稳定的回报，具备长期的投资价值，能够充分利用资本市场筹集新项目的建设资金。中核集团下属科研院所科技创新实力雄厚，主要科研方向如核能技术、核医疗、核环保、新材料等均符合科创板的战略导向，能够借助科创板上市加速实现科技成果产业化，把握市场机遇。资本市场的完善为中核集团借助并购重组手段实现跨越式发展提供了有利的条件。

4.3 外部形势对企业资本运营能力提出了更高要求

当前，国内并购市场经过了规模高速扩张阶段，在金融供给侧改革的引导下趋于理性，市场竞争逐渐加强，并购交易结构趋向复杂，对企业开展投资并购的能力提出了更高要求，提升资本运能力、提高资本运营收益成为企业的重要课题。国际上，美国贸易保护主义兴起，中欧新投资协议尚未达成，国际多边贸易体系面临威胁，对企业境外投资安全保障能力提出了更高要求，“开放合作、互利共赢”将成为企业境外资本运营的基本原则。

当前，中核集团的股权投资组织体系、专业力量配备等方面均难以匹配中核集团日益增加的投资并购需求，在制度体系方面也存在激励机制不充分、容错机制不健全等亟待优化的问题。为适应当今并购市场的形势变化，健全资本运营制度体系，增加资本运营人才配置，提高资本运营工作激励，以“三个区分开来”为原则建立容错机制，全面提升资本运营体系的整体能力，已经成为做好资本运营工作的重要保障。

4.4 科学的投资并购战略是并购重组成功实施的重要前提

投资并购是一项周期长、风险高、专业性强、市场化程度高的工程，并购后的管理整合更是企业并购能否成功的关键。在前几年的国内企业并购热潮中，为数不少的国内企业由于实施了不符合自身实际情况的并购战略，不仅没有实现与标的企业的协同效益，反而因举债过度而背上了沉重的债务负担，对企业的生产经营造成了明显拖累。

作为国资委监管的中央企业，中核集团在制定并购重组战略时应充分遵循党中央、国务院的政策指向，以中核集团新时代发展战略为指引，紧紧把握资本运作服务主业做强做优做大的要求，基于对自身发展环境和条件的科学分析，以提升核心竞争力为一切并购重组工作的核心目标，紧密围绕核主业及其上下游制定明确的产业投资并购和重组战略。通过将并购领域、并购目标、并购决策流程、并购后整合计划、负面清单等在并购战略中进行明确，指导各成员企业更加科学地开展并购重组工作。

4.5 推进并购重组过程中必须高度重视并购后的管理整合工作

根据业界的相关研究，75%的并购失败都是因为并购后的对象、并购的公司管理人员的不配合，管理文化差异问题和并购后短、中、长远目标及期望差异。因此，并购后的整合效率直接决定了并购预期协同效应和实现协同效应之间的差异。

加强并购后管理，促进与并购标的企业协同效益的有效发挥，是中核集团推动并购重组工作应该关注的重点领域。有关部门应优化制度设计、强化制度构建，通过完善的制度引导各成员单位在标的选取、尽职调查、谈判签约等各环节树立整合意识，为后续的整合工作创造条件。例如，明确要求可行性报告要有详尽可行的并购整合方案，将整合可行性论证，提高到与经济可行性和生产技术可行性等论证环节同等重要的地位。

国际核燃料产业发展形势分析

报告围绕铀转化、铀浓缩、燃料元件三个环节，总结了全球核燃料产业发展现状，分析了核燃料国际市场价格趋势，研判了国际市场供应格局与国际企业发展动向，并提出了我国核燃料市场发展的有关启示建议。

主 讲 人： 石磊，男，1989 年 1 月生，2016 年 12 月毕业于法国原子能和替代能源委员会核燃料专业，获得博士学位。2017 年 2 月进入中国核科技信息与经济研究院工作，从事战略规划、政策研究及核燃料发展研究工作，现任助理研究员。

报告日期： 2018 年 6 月 21 日

国际核燃料产业发展形势分析

日本福岛核事故后，全球新增核电装机速度不及预期，国际核燃料加工服务价格进入下行通道，已连续多年出现供大于求的局面。部分国际核燃料供应商为争夺有限订单而不断尝试进入我国市场，部分我国核电企业从自身发展利益出发而积极谋求国际市场采购。对于我国核燃料加工产业，开拓国际市场，推动核燃料"走出去"，已经成为打造世界一流企业实现做强做优做大的重要途径。然而面对严峻的市场挑战，贸然打开国内市场以及开拓国际市场，会给我国企业健康发展带来较大冲击，需要充分分析当前国际核燃料市场，对价格及供需预测做出准确的研判，并研究提出市场开发的策略，从而稳步推动我国核燃料企业国际市场开发，实现长久盈利。

本研究报告拟在搜集、梳理与分析世界核燃料市场信息情报基础上，提供核燃料加工产品的价格、产能、需求等市场数据，分析国际核燃料市场供应情况，研究国际核燃料企业发展动向，并结合我国核燃料产业及市场现状，提出我国核燃料市场开拓方向与建议。

本研究围绕铀转化、铀浓缩与燃料元件三个加工环节，研究对象为国际核燃料企业以及美国、欧洲市场，研究数据及分析基础主要来自 WNA、IAEA、OECD－NEA、EIA、Euratom 等国际组织年报以及 UxC、国际燃料企业季报、年报等。

1 国际核燃料产业与市场供应现状

1.1 铀转化

铀转化厂可以发挥重要的缓存作用，贮存和盘点天然铀。天然铀的主要买家和卖家在主要铀转化厂都有户头。大部分加工合同都是买家向铀转化服务供应商交付 U_3O_8，然后向浓缩设施交付 UF_6。

全球铀转化供应包括一次供应和二次供应。一次供应是铀转化服务供应商生产提供的 UF_6。二次供应包括国家政府库存、商业库存与铀浓缩商（尾料再浓缩）销售。然而，对于重水堆 UO_2 燃料的转化需求目前主要依赖一次供应来满足。

1.1.1 一次供应商现状

目前，国际上主要有 5 家大型商业铀转化服务供应商：法国欧安诺集团（Orano）、加拿大矿业能源公司（Cameco）、美国康弗登公司（ConverDyn）、俄罗斯国家原子能集团公司（Rosatom）与中核集团（CNNC）。2017 年全球主要铀转化供应商六氟化铀产能为 5.81 万 tU（UF_6）/a，实际估算总产量为 3.41 万 t，2018 年实际产量约为 3.01 万 t。国际主要铀转化供应商额定产能与实际产量见表 1。

表 1 2017—2018 年全球主要铀转化供应商铀转化额定产能与实际产量

铀转化供应商	2017 年生产能力/（tU/a）	2017 年实际产量/（tU/a）	2018 年实际产量/（tU/a）
加拿大 Cameco	12 500	5 000	5 500
俄罗斯 Tvel	11 500	11 000	11 000
法国 Orano	15 000	7 000	6 000
美国 ConverDyn	7 000	5 500	0
巴西 Ipen	100	100	100

注：数据来源于 UxC Conversion Market Outlook Q1 2018。

（1）Orano

欧安诺集团科莫海克斯（Comurhex）一期铀转化厂 2017 年的额定产能为 1.15 万 tU（UF_6）/a，当年的实际产量约为 7 000 tU

（UF_6）。科莫海克斯一期包括马尔维西（Malvesi）和皮埃尔拉特（Pierrelatte）两座铀转化设施，马尔维西厂将 U_3O_8 转化为 UF_4，皮埃尔拉特将 UF_4 转化为 UF_6。由于更高的环境标准要求，科莫海克斯一期于 2017 年 12 月正式停产。欧安诺集团于 2007 年决定建设科莫海克斯二期，最初计划 2012 年完成，但目前已拖期近 6 年。科莫海克斯二期同样包括马尔维西与特卡斯丹（Tricastin）两座铀转化设施，马尔维西厂将 U_3O_8 转化为 UF_4，特卡斯丹将 UF_4 转化为 UF_6，其中马尔维西厂已于 2016 年年中投产，特卡斯丹计划在 2018 年年底投产。欧安诺集团将利用铀转化库存度过二期投产前的铀转化产品零产量的过渡期。科莫海克斯二期将是西方国家唯一最新建的铀转化设施。尽管靠近其大型铀浓缩厂，位置理想，但建造成本过高。

（2）Cameco

加拿大矿业能源公司（简称加矿）可为轻水堆生产 UF_6，并为重水堆生产 UO_2。2017 年 UF_6 的额定产能为 1.25 万 tU/a，实际产量 5 000 tU。加矿于 2005 年与英国斯普林菲尔兹（Springfields）燃料厂签署了一份 10 年的采购合同，在 2006 年至 2013 年期间，加矿每年将 5 000 tU 的 UO_3 从布兰德河厂运至英国的斯普林菲尔兹燃料厂转化成 UF_6。根据市场条件，加矿在 2014 年终止了该合同，斯普林菲尔兹燃料厂于同年 8 月关闭。加矿 2018 年到 2035 年的目标产能是 1.25 万 tU（UF_6）/a 和 0.28 万 tU（UO_2）/a。尽管近些年实际产量仅约为额定产能的 50%，但加矿仍然坚持投产运行。加矿与哈萨克斯坦国家原子能公司（简称哈原）于 2012 年 10 月签订了一份备忘录，拟于 2018 年之前合作在哈萨克斯坦建设一座产能达 6 000 tU（UO_3）/a 的精炼厂，但目前进展缓慢。

（3）Honeywell

美国梅特罗波利斯（Metropolis）铀转化厂由霍尼韦尔公司（Honeywell）负责运营，由康弗登公司代理销售。过去十年来，该厂曾因各种事件多次停产。在日本福岛核事故发生后，美国对境内所有核设施进行了全面安全检查，发现该厂有安全隐患。为了实施相关安全改进措施，该厂于 2012 年 5 月停产。霍尼韦尔已投入大量资金用于购买新设备和升级生产工艺，以提高工厂效率和缩短工期，以及满足美国核管会（NRC）在福岛核事故后提出的抗震和自然灾害准备要求。美国梅特罗波利斯铀转化厂直至一年多后的 2013 年 7 月才全面复产，产能为 1.5 万 tU（UF_6）/a。鉴于全球六氟化铀需求低迷且严重供过于求，梅特罗波利斯铀转化厂将 2017 年的额定产能降低为 7 000 tU（UF_6）/a，实际产量为 5 500 tU（UF_6）。2017 年年底，梅特罗波利斯铀转化厂宣布停产。

（4）Rosatom

俄罗斯国家原子能集团公司（简称俄原）的铀转化业务由俄核燃料产供集团（TVEL）实施，市场营销由俄技术装备出口公司（Tenex）负责。TVEL 在安加尔斯克（Angarsk）的铀转化厂于 2014 年停产并改成尾料浓缩厂，目前仅拥有一座在谢韦尔斯克（Seversk）的大型 UF_6 转化设施，额定产能为 1.15 万 tU（UF_6）/a，2017 年实际产量为 1.1 万 tU（UF_6）。2012 年，俄原计划在谢尔威斯克新建一座铀转化设施，预计 2020 年开工建设。俄原集团的铀转化服务一般与铀浓缩或燃料元件制造服务捆绑销售。俄原通过铀转化与尾料再浓缩确保生产足够的六氟化铀产品来满足未来的所有合同。

1.1.2 市场二次供应现状

铀转化的二次供应在市场中占据重要地位，平均每年占全球市场 35%～50%，2018 年全球市场二次供应的量约为 3.5 万 t（见表 2）。来源主要包括三个方面，分别为政府库存、铀浓缩厂与商业库存。其中政府库存主要来自美国能源部（DOE）铀库存。商业库存主要来自核电商。由于铀转化二次供应的量较大，对市场的现货价格影响也较大。近些年，部分国际铀浓缩厂通过低尾料丰度运行及尾料再浓缩生产销售的 UF_6 产品在全球市场的铀转化二次供应份额越来越大。UxC 公司预测，在中发展情景下，2018 年西方国家铀浓缩厂的铀转化产品全球市场供应量约为 4 100 t（见表 2）。

表 2 中发展情景下 2018 年全球铀转化二次供应量与未来预测

（tU/a）

二次供应源	2018 年	2025 年	2030 年	2035 年
俄罗斯政府及商业库存、铀浓缩厂	6 200	5 300	3 200	2 400
西方国家的铀浓缩厂	4 100	1 800	1 100	1 300
核电机组商业库存	3 100	3 500	2 300	1 500
其他商业库存	16 500			
美国政府储备	1 400	500	500	1 300
MOX 与铀钚再循环	3 700	2 300	1 800	1 400
总量	35 000	13 300	8 900	8 000

注：数据来源于 UxC Conversion Market Outlook Q1 2018。

根据 UxC 中发展情景的预测，铀转化二次供应的量会逐年减少，2035 年全球市场的铀转化二次供应量约为 8 000 tU。

1.1.3 市场供需预测

据 UxC 预测（见图 1），到 2035 年，全球铀转化产能约 8 万 tU/a。在中发展情景下，铀转化市场将维持供需平稳。在低发展情景下，将出现产能过剩的局面。而在高发展情景下，铀转化市场将出现供不应求的局面。未来几年，中国的铀转化市场份额将逐渐增加，并逐渐超过其余四大铀转化供应商。铀转化二次供应的占比将逐年减少。

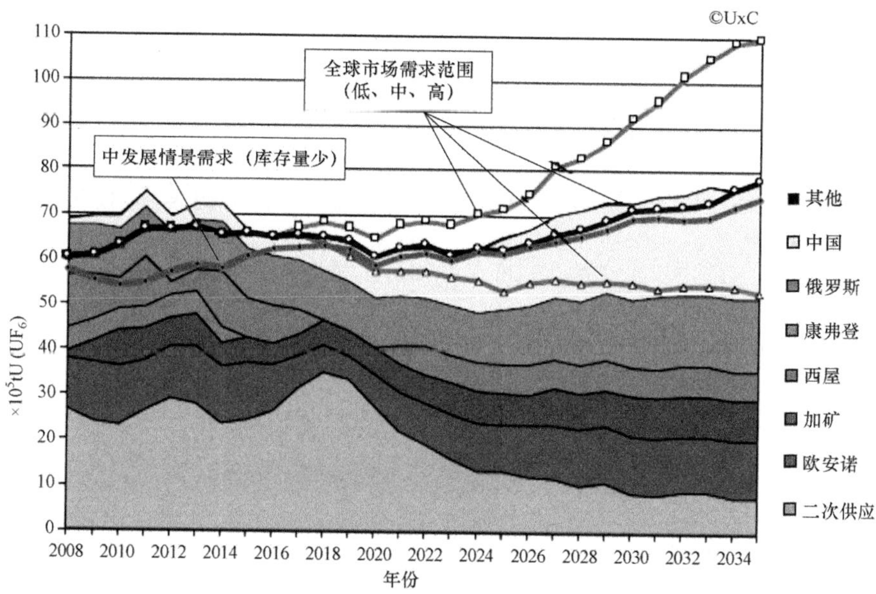

图 1　全球市场铀转化供需预测（数据来自 UxC URM 模型情景分析）

1.2　铀浓缩

铀浓缩供应包括一次供应与二次供应。一次供应是商业铀浓缩供应商提供的分离功服务。二次供应包括铀浓缩产品库存（EUP Inventory）与后处理铀（RepU）。由于铀浓缩技术的战略敏感性以及资本密集性，提高了所有新供应商的加入门槛。

1.2.1 一次供应商现状

目前，全球市场主要有 4 家商业铀浓缩服务供应商：欧洲铀浓缩公司（Urenco）、俄罗斯国家原子能集团公司（Rosatom）、法国欧安诺集团（Orano）与中核集团（CNNC）。2017 年，全球分离功总需求约为 5 万 tSWU①，然而全球铀浓缩厂分离功总产能达 6 万多吨 SWU，全球市场分离功供大于求的局面没有改变。俄原占据全球市场分离功一次供应第一大份额为 45%，其次是 Urenco，占据 32.3%，法国欧安诺占据 12.7%，中国 CNNC 占据 9.8%。另外还有日本、阿根廷及巴西的铀浓缩供应商，2017 年总产能为 188 tSWU（见表 3）。

表 3 2017 年全球市场主要铀浓缩供应商产能

运营方	2017 年/tSWU	市场占有率/%
法国 Orano	7 500	12.7
Urenco	18 758	32.3
俄罗斯 Rosatom	28 416	45
其他（日本、阿根廷、巴西）	188	0.3

注：数据来源于 WNA，The Nuclear Fuel Report 2017。

（1）Urenco

Urenco 在英国卡本赫斯特、德国格罗瑙、荷兰阿尔默洛和美国

① EURATOM Supply agency annual report 2017。

新墨西哥州各有 1 座气体离心厂。截至 2017 年底，全球产能为 1.88 万 tSWU/a。其中，英国、德国和荷兰三厂的产能分别为 4 700 tSWU/a、4 000 tSWU/a 和 5 300 tSWU/a，共 1.4 万 tSWU/a，目前没有扩建计划，UxC 预测中发展情景下，其 2020 年的目标总产能下调为 1.34 万 tSWU/a。该公司在美国新墨西哥州的尤尼斯（Eunice）铀浓缩厂从 2010 年 6 月开始运行，2017 年的产能是 4 800 tSWU/a，欧洲铀浓缩公司提升产能的申请在 2014 年获得美国核管会的批准，将在 2022 年将该厂产能提升至 5 700 tSWU/a。但鉴于市况不佳，该公司已经推迟最后 1 000 tSWU/a 的建设。

（2）Rosatom

俄原技术装备出口公司（Tenex）负责在全球核燃料市场销售铀转化、铀浓缩服务。产供集团（TVEL）负责运营 4 座铀浓缩厂并生产制造燃料元件与离心机。2017 年的铀浓缩产能为 2.84 万 tSWU/a，居世界第一。UxC 预测在中发展情景下，该公司在 2020 年的产能为 2.73 万 tSWU/a。但俄原铀浓缩厂采用低尾料丰度方式运行，因此实际产量比额定产能低。2012 年，俄原为独联体国家和东欧国家提供了 5 500 tSWU，并以直接或间接方式大幅提升向西方客户提供的铀浓缩服务数量。除了直接向核电业主和运营商销售铀浓缩服务之外，俄原还与一些中间供应商达成了批发安排。俄原优先推销浓缩铀产品，并通过调低尾料丰度和重新浓缩贫铀尾料把大量的过剩浓缩产能用于生产更多的铀。俄原最近削减了新一代离心机研发项目经费。根据 Tenex 公司 2017 年报，该公司 2017 年与 19 个客户共签订了 28 项包括分离功在内的核燃料循环前端产品合同，总价值 33 亿美元，客户包括美国、比利时、法国、瑞典、瑞士、英国、日本、韩国等。

（3）Orano

欧安诺集团位于特利卡斯坦（Tricastan）的乔治贝斯二期铀浓缩厂在 2017 年的产能为 7 500 tSWU/a[①]，目前没有扩建增产计划。2018 年 5 月，美国森图斯能源公司宣布已经延续了与欧安诺集团铀浓缩服务的长期供应合同，到 2030 年，欧安诺集团将共向森图斯提供 6 000 t。同样在 2018 年 5 月，欧安诺集团已向美国核管会（NRC）递交了取消建设美国鹰岩（Eagle Rock）铀浓缩厂的报告。

（4）Centrus

美国森图斯能源公司（Centrus Energy）即前美国铀浓缩公司（USEC）不再拥有铀浓缩一次供应的能力，帕杜卡气体扩散厂已于 2013 年 6 月关闭。目前森图斯已经从分离功生产商转变为贸易供应商，主要利用库存和从俄进口的铀浓缩服务来满足客户需求。但是森图斯仍然坚持开发铀浓缩技术，与美国能源部（DOE）在橡树岭

① Orano annual report 2017。

国家实验室开展了气体离心技术的研发工作。

（5）JNFL

日本核燃料公司（JNFL）的六所村（Rokkasho）铀浓缩厂采取新一代离心机，其自 2012 年连续运行以来的额定产能为 75 tSWU/a。曾计划逐步扩建至 1 500 tSWU/a，但该计划在福岛核事故之后已被搁置。2017 年 7 月六所村铀浓缩厂因辅助厂房发生火灾而停止运行。在过去的一年里，日本核燃料公司一直在努力推进安全升级进程，并针对日本核管会（NRA）要求提供的相关信息给予答复，目前并没有明确铀浓缩厂再运行时间。

（6）INB

巴西核工业集团（INB）于 2017 年升级了在雷森迪（Resende）的铀浓缩设施，成功生产出了 6 t 浓缩 UF_6。雷森迪铀浓缩厂建设共分为两期，第一期包括 4 个模块共 10 个级联，第二期包括 10 个模块共 10 个级联。目前第一期 1 至 6 个级联已安全运行，第 7 个级联预计 2018 年运行。雷森迪两期全部建成运行后，将满足巴西安哥拉 1、2、3 号核电机组的铀浓缩需求。

1.2.2 市场二次供应现状

全球铀浓缩市场中还存在一定的二次供应，主要包括美国高浓铀（HEU）稀释后的低浓铀产品（LEU），核电机组及商业铀浓缩供应商持有的商业库存，混合氧化物（MOX）燃料以及后处理回收铀（RepU）。相比于一次供应，铀浓缩的二次供应市场份额并不大，2013—2018 年，全球市场平均每年铀浓缩二次供应量约为 9 000 tSWU。

（1）政府库存

政府库存是二次供应的主要来源，其中主要包括美国能源部一直在缓慢稀释的高浓铀。这其中一部分来自过去美俄政府间签订的高浓铀协议，按照协议俄罗斯将 500 t 武器级高浓缩铀交付给美国并进行稀释，到 2013 年协议期满的 20 年内，通过稀释高浓铀进入市场的铀浓缩产品相当于约 9.2 万 tSWU。另一部分来自美国能源部库存中的高浓铀稀释。2016 年，美国能源部与 WesDyne 公司续签了稀释 10.4 t 高浓铀的合同。2017 年、2018 年通过稀释高浓铀获得的分离功为 500 tSWU/a，预测在 2019 年合同内的稀释工作将基本完成，得到的低浓铀将供应给西屋公司（Westinghouse）。

（2）商业库存

核电运营商持有的商业库存同样是铀浓缩二次供应的主要来源，主要原因是受 2011 年福岛核事故及经济危机影响而导致核电机组提前关停。截至 2017 年年底，美国核电商拥有约 5.6 万 t U_3O_8 天然铀当量；欧洲核电商持有约 4.9 万 t 天然铀当量的库存。铀浓缩供应商同样拥有一定的分离功商业库存，根据 UxC 公司的预测，Rosatom 分离功库存约 5 000 tSWU，Urenco 有近 4 000 tSWU 库存，Orano 库存大约为 7 000 tSWU。

（3）MOX 与 RepU

全球市场中铀浓缩二次供应还有一部分来自 MOX 燃料与后处理回收铀（RepU）。全球库存中含有大量的商用钚和武器级钚，到 2016 年年底，通过乏燃料后处理产生的商用钚约 300 t。MOX 燃料使用商用钚和过剩武器级钚，并被用在商用压水堆中，顶替了一定的全球铀浓缩需求。但由于 MOX 燃料的实际经济性并不高，目前使用 MOX 燃料主要动机是为了减少过剩钚。另一方面，美俄两国于 2000 年签订钚管理与部署协议（PMDA），同意将超过本国军事需求的 34 t 武器级钚用于生产 MOX 燃料，然而由于成本较高等原因，美国近期已终止了于 2007 年启动建设的 MOX 燃料元件厂项目。

法国、日本、英国、俄罗斯等国家的核电商拥有大量的后处理回收铀（RepU）库存，俄罗斯是目前唯一浓缩 RepU 并返还反应堆再利用的国家。俄罗斯通过混合 RepU 与更高浓度的铀（10%～20%）生产浓缩后处理铀（ERU），并不占用铀浓缩厂的生产能力，因此使用 ERU 实际上顶替了一定的国际市场的铀浓缩需求。ERU 燃料目前主要被用在俄罗斯 RMBK 核电机组中。RMBK 核电机组到 2034 年均将开始退役，未来 RepU 在浓缩市场中的供应存在不确定性。

（4）IAEA 铀银行

IAEA 铀银行未来将是国际市场铀浓缩二次供应的来源之一。为保障全球核燃料加工产品的安全供应，IAEA 铀银行致力于建设全球核燃料银行。IAEA 铀银行面向全球采购低浓铀（LEU），并存储在其位于哈萨克斯坦乌尔巴冶金厂的铀银行，以便向燃料元件制造商安全供应浓缩后的 UF_6 产品。需要注意的是，只有在全球或一方出现铀产品安全供应危机时，IAEA 铀银行的铀产品库存才会对市场开放。目前 IAEA 铀银行已同哈萨克斯坦国家原子能公司和法国欧安诺集团签署低浓铀采购合同。IAEA 铀银行将可容纳 90 t 用于轻水堆燃料制造的低浓铀。

1.2.3 市场供需预测

2017 年，全球分离功总需求约为 5 万 tSWU，然而全球铀浓缩厂分离功总产能高达约 6 万 tSWU，超出需求约 1 万 tSWU。在供大于求的环境下，全球主要的铀浓缩供应商都放缓了提升产能的计划，甚至采取降低产能的方式来避免更换已达寿期的离心机设备。铀浓缩供应商为了追求经济性，选择降低运行尾料丰度来维持铀浓缩设施的持续运行。

近期全球分离功需求几乎没有大幅增加的可能性。福岛核事故后，日本核电机组重启的步伐非常缓慢；德国、比利时等国放弃发展核电，不少机组提前关闭；韩国弃核，核电机组接连关闭；法国计划通过增加可再生能源发电比例将核电份额在 2025 年降至 50%；我国核电计划放慢了脚步，这些都导致铀浓缩的需求预期不断下调。再考虑到过剩的一次供应产能与庞大的库存，全球铀浓缩市场将长期处在供大于求的局面，全球市场彻底回暖尚缺乏可靠的根基。根据预测，全球铀浓缩一次供应商的分离功产能远远满足到 2025 年的全球市场需求。从 2008 年至 2035 年间，全球将有近 38 万 tSWU 的过剩供应量。

根据 UxC 预测，未来铀浓缩供大于求的局面将逐渐好转。中发展情景下，铀浓缩市场将达到供需平衡。到 2035 年，只有在高发展情景下，全球铀浓缩市场才会出现供不应求的局面（见图 2）。二次供应的市场份额也将逐渐减小，到 2035 年，全球铀浓缩二次供应将低于 1 000 tSWU/a。

1.3　燃料元件

核燃料元件制造与其他核燃料加工产品相比，基本上属于完全不同的市场，其原因是燃料元件制造并不单纯属于取决于价格的可替代商品。由于核燃料元件与反应堆自身的物理特性、用户的燃料

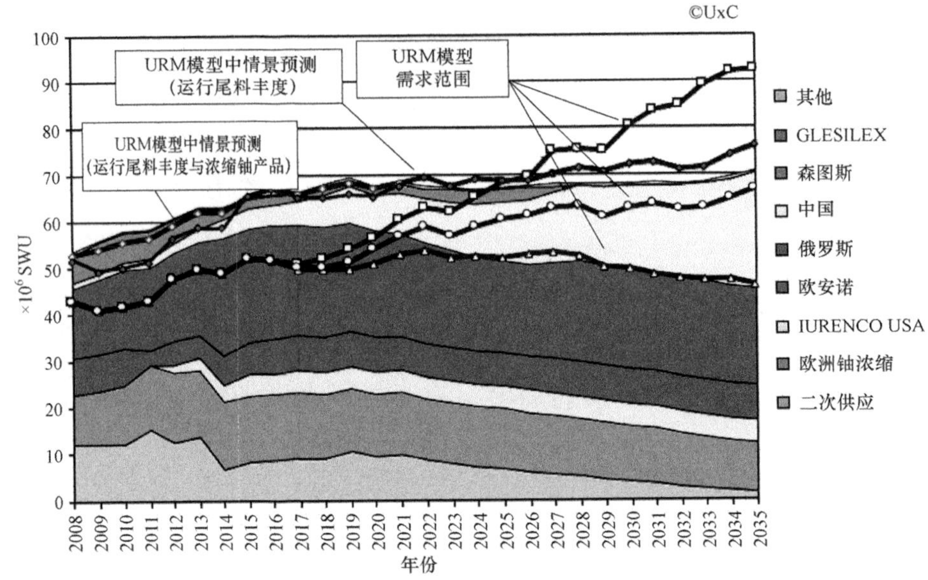

图 2　全球市场铀浓缩供需预测（数据来自 UxC URM 模型情景分析）

循环策略等方面息息相关，因此全球大多数核燃料元件制造商同时也是反应堆供应商，为其设计的反应堆提供首炉和初期换料。全球的核反应堆主要是轻水堆和重水堆，核燃料元件制造主要服务于这两种堆型，以轻水堆燃料制造为主，全球市场轻水堆燃料组件主要分为压水堆与沸水堆燃料组件。

反应堆机组的运行变化、燃料管理策略以及燃料元件的制造技术提升影响着燃料元件的制造需求。例如，正在研发的在运压水堆燃料燃耗的降低能够有效地优化燃料元件的性能，延长燃料元件的寿命，并降低换料的需求。反应堆装机容量也影响着燃料元件的需求，每 100 万 kW 每年大约需要 16～20 t 燃料元件。福岛核事故后，燃料元件制造市场供大于求，部分国际燃料元件制造商由于不断恶化的公司财务状况而进行破产重组；部分国际燃料元件制造商试图为其他反应堆提供换料，以满足自身工厂过剩产能要求。同时，客户对燃料元件性能的要求不断提高，导致燃料元件制造市场的竞争愈发激烈。

1.3.1 主要燃料元件供应商现状

以供应商来划分，全球主要大型轻水堆核燃料元件制造商有 6 家：法马通（Framatome）、环球核燃料公司（GNF）、西屋电气公司（Westinghouse）、产供集团（TVEL）、韩国核燃料公司（KNF）、中核集团（CNNC）。其余的还有西班牙（ENUSA）公司、日本三菱重工（Mitsubishi）、日本核燃料工业公司（NFI）、巴西核工业公司（INB）、印度核燃料联合体（NFC）、伊朗燃料元件制造厂（Fuel Mfg. Plant）以及哈萨克斯坦与中广核集团共同组建的燃料元件厂。

据 UxC 报告，2018 年，全球轻水堆燃料组件总产能约为 1.3 万 MtU/a（见表 4）。其中，西欧国家与美国地区产能占比最大，分别为 26%与 27%。日本、东欧国家与中国生产的燃料组件占比为 13%、11%与 14%。韩国、巴西、印度和伊朗总产能份额占比为 9%。美国轻水堆燃料元件的产能是 3 500 MtU/a，西欧是 3 350 MtU/a，俄罗斯是 1 450 tHM/a。

表 4　2018 年全球主要核燃料元件供应商产能现状

地区	供应商	制造厂	额定产能/（MtU/a）			燃料类型
			粉末	芯块	元件	
西欧	Framatome	Romans	1 400	1 000	1 400	PWR
		Lingen	800	650	650	BWR/PWR
	Westinghouse	Västerås	600	600	600	BWR/PWR/VVER
		Springfields	200	200	200	PWR/AGR
	ENUSA	Juzbado	0	500	500	BWR/PWR/VVER
	西欧总产能		3 000	2 950	3 350	
美国	Framatome	Richland	1 600	1 200	1 200	BWR，PWR
	GNF－A	Wilmington	1 200	1 100	1 100	BWR
	Westinghouse	Columbia	1 350	1 200	1 200	BWR/PWR/VVER
	美国总产能		4 150	3 500	3 500	
日本	GNF－J	Yokosuka	0	750	750	BWR
	Mitsubishi	Tokai－mura	450	440	440	PWR
	NFI	Kumatori	0	284	284	PWR
		Tokai－mura	0	250	250	BWR
	日本总产能		450	1 724	1 724	
东欧	TVEL Fuel Co.	Elektrostal	750[a]	750[1)]	750	VVER/BWR/PWR
		Novosibirsk	700	700	700	VVER/PWR
	Kazatomprom	Ulba Met. Plant	200[2)]	200[3)]	0[4)]	n/a
	东欧总产能		1 650	1 650	1 450	
中国	CNFC	Yibin	1 000	1 000	1 000	PWR，VVER
		Baotou	800	800	800	PWR
	中核总产能		1 800	1 800	1 800	
韩国	KNF	Daejeon	700	700	700	PWR
巴西	INB	Resende	160	120	250	PWR
印度	NFC	Hyderabad	25	25	25	BWR
伊朗	Fuel Mfg. Plant	Isfahan	30	30	30[d]	VVER
全球总产能			11 965	12 499	12 829	

注：数据来源于 UxC Fabrication Market Outlook 2018。

1）不包括 RMBK 与 FBR 反应堆、印度 PHWR 反应堆的粉末/芯块供应；

2）预测现有产能；

3）哈萨克斯坦计划与中广核集团在乌尔巴建造产能 200 MtU/a 燃料元件制造厂；

4）伊朗额外为重水研究堆生产 10 tU/a 燃料元件，全球供应并不包括伊朗产能。

目前，燃料制造行业内正在进行的变革很可能会持续一段时间，某些公司会重组其制造业务以及其他合并工作，以便在市场中占据更有力的位置。随着此类变革的持续，以及采取更高效的运行方式，甚至在某些情况下关闭运行，市场的供需平衡可能朝着均衡方向发展。

（1）Framatome

在 2018 年初，前阿海珐集团通过重组正式更名为欧安诺集团，反应堆与燃料元件产业被一并剥离并成立为新的法马通公司（Framatome），EDF 持有其 75.5%股份，MHI 持有 19.5%股份，法国 Assystem 公司持有 5%股份。目前法马通在欧洲有两座燃料元件厂，分别是位于法国的 Romans 厂和位于德国的 Lingen 厂，2018 年产能为 1 400 MtU/a 与 650 MtU/a。法马通在美国华盛顿州理查德市还有一座核燃料制造厂 Richland，2018 年产能为 1 200 MtU/a。此外，法马通还持有日本三菱核燃料公司 30%的股份。法马通目前持有法国 56 座压水堆至少 80%的燃料制造合同，并为比利时、德国、荷兰、西班牙、瑞典、英国、美国、日本共计数十座压水堆制造核燃料。此外，法马通为德国、瑞典、美国和台湾地区共计约 17 座沸水堆制造核燃料。法马通占全球核燃料元件市场份额约 30%。法马通已向美国电力公司交付下一代压水堆燃料 GAIA 的首批先导试验燃料组件。法马通新型耐事故燃料棒的 4 个试验组件将于 2019

年春季装入美国沃格特勒 2 号机组。这种新型燃料棒使用含铬的氧化铀芯块和带有铬涂层的锆包壳。

（2）GNF

环球核燃料公司（GNF）是通用电气（GE）、日立（Hitachi）和东芝公司（Toshiba）的合资企业，目前 GE 占 51%股权，Hitachi 与 Toshiba 平分 49%股权。GNF 负责为沸水堆制造和供应燃料，最新研制的新一代 GNF3 的 4 个试用组件已实现在安特吉公司（Entergy）的里弗本德机组和爱克斯龙电力公司（Exelon）的拉萨尔县机组的装载，预计 2018 年能实现 GNF3 满载换料。GNF 不具备锆材自主生产能力，主要从法马通、西屋、ATI 等公司采购。

GNF－A 与 GNF－J 分别为 GNF 在美国与日本的下属子公司，各有一座元件厂，2018 年 GNF－A 元件制造产能为 1 100 MtU/a，GNF－J 产能为 750 MtU/a。GNF－A 为美国、欧洲、墨西哥及台湾地区市场提供燃料元件供应服务，GNF－J 面向日本核燃料元件市场。由于 GNF－A 在欧洲没有燃料元件厂，在与西班牙 ENSUA 公司达成的技术许可协议框架下（GENUSA），允许 ENSUA 制造 GE 设计的 B W R 元件并卖给欧洲核电商。同时，GNF 计划开拓压水堆燃料元件市场，GNF－A 已与 TVEL 公司合作，为西方压水堆设计燃料元件。

（3）Westinghouse

由于出现不断恶化的财务状况问题，西屋公司在 2017 年申请破产，寻求投资收购方。2018 年 8 月正式被 Brookfield 公司以 46 亿美元的价格收购。西屋公司目前在瑞典、英国与美国各有 1 座燃料元件厂，供应 BWR、PWR、VVER 与 AGR 燃料。西屋公司通过技术授权、与外企成立合资企业等方式，在欧洲、亚洲、非洲、北美等全球众多核燃料元件市场供应元件。

英国 Springfields 厂 2018 年燃料元件粉末的产能为 200 Mt/a，生产供应 PWR 与 AGR 元件，Springfields 厂是目前唯一的英国 AGR 元件制造商。Springfields 厂同时为西班牙 ENUSA 元件厂供应 UO_2 粉末。Springfields 厂与 KNF 签订合同，为其在阿联酋的核电机组首堆供应部分 UO_2 粉末，该粉末将被运至 KNF 进行元件制造。

瑞士 Vasteras 厂 2018 年燃料元件粉末的产能为 600 Mt/a，生产供应 PWR、BWR 与 VVER 元件，其生产的 VVER－1 000 元件供应给乌克兰及南非的核电机组。Vasteras 厂生产的 PWR 与 BWR 主要面向欧洲市场。西屋与 ENSUA 开展合作，ENSUA、Vasteras、Springfields 生产制造的元件占据法马通在法国 58 个反应堆约 35% 的燃料供应份额。

美国 Columbia 厂 2018 年燃料元件粉末的产能为 1 350 Mt/a，

燃料元件芯块及组件产能为 1 200 Mt/a，生产供应 PWR、BWR 与 VVER 元件，主要供应燃料给美国的核电商以及台湾地区的两台西屋 PWR 机组。同时，Columbia 厂为欧洲、日本以及中国三门 AP1000 首堆供料。

（4）Rosatom

俄原集团核燃料产供集团（TVEL）过去几年来一直在整合并现代化其燃料制造设施。自 1996 年以来，俄罗斯核燃料产供集团一直与法国阿海珐集团合作，用欧洲电力公司提供的堆后铀稀释俄罗斯高浓铀，得到的低浓缩铀用于为欧洲核电厂制造燃料组件。根据这项安排，由阿海珐集团向俄罗斯 TVEL 提供燃料包壳、格架及其他燃料组件部件，由俄罗斯 TVEL 生产 UO_2 粉末和芯块，然后组装成组件。部分合作合同的期限一直延续到了 2020 年。俄罗斯 TVEL 目前正在努力向西欧国家推销其独立开发的压水堆组件，从长远来看，还可能推销沸水堆燃料组件。2016 年，TVEL 向瑞典灵哈尔斯核电厂交付 TVS－K 型新型压水堆燃料，实现 TVS－K 燃料的首次商业交付，并与瑞典瓦腾福公司（Vattenfall）签署新一轮燃料供应合同到 2025 年。进入美国市场的长期努力取得成果，2017 年首次向美国客户交付 TVS－K 燃料。同时，TVEL 已与伊朗原子能机构（AEOI）签署价值 3 000 万美元的合同，将为布什尔 1 号机组（VVER－1000）供应储备燃料。俄原海外核电机组订单方面继续领跑，截至 2016 年底，持有 12 个国家 34 台核电机组订单，达 1 334 亿美元。

（5）KNF

韩国核燃料公司（KNF）是韩国电力公司的子公司，能够独立为国内的压水堆和重水堆核电厂设计和制造核燃料。目前正在凭借自主技术逐步进军全球市场。韩国核燃料公司 2018 年的产能是：粉末 700 MtU，压水堆组件 550 MtU，重水堆组件 400 MtU。其未来的目标是打入世界核燃料制造商前三强。目前韩国正在扩大锆合金管的产能，近期目标是满足未来阿联酋核电项目的需求，远期目标是满足未来更多海外项目的需求。

（6）其他

哈萨克斯坦国家原子能工业公司（Kazatomprom，简称哈原工）与中国广核集团（CGN）已共同启动一座核燃料制造设施的建设，并使用阿海珐集团的燃料制造技术。该设施将于 2019 年建成投产，每年能生产 200 t 燃料组件，主要面向中广核市场，包括中广核集团“走出去”海外的核电市场。该设施的总投资将为 1.47 亿美元，中广核集团矿业有限公司提供一半的资金。哈原工子公司乌尔巴冶金厂（UMP）拥有该设施 51%的股权，中广核集团子公司中广核矿业有限公司（CGN－URC）拥有 49%的股权。

1.3.2　市场供需预测

2018 年，全球市场燃料元件供大于求。根据 UxC 公司预测，未来几年全球市场将维持产能过剩的局面（见图 3），在高发展情景下，全球供应燃料元件粉末的需求将超过 1.2 万 tU/a。未来十年，Framatome、Rosatom、西屋等老牌大型供应商的产能将不会有所变化，而中核集团燃料元件的产能逐渐在国际市场上占据主导地位。

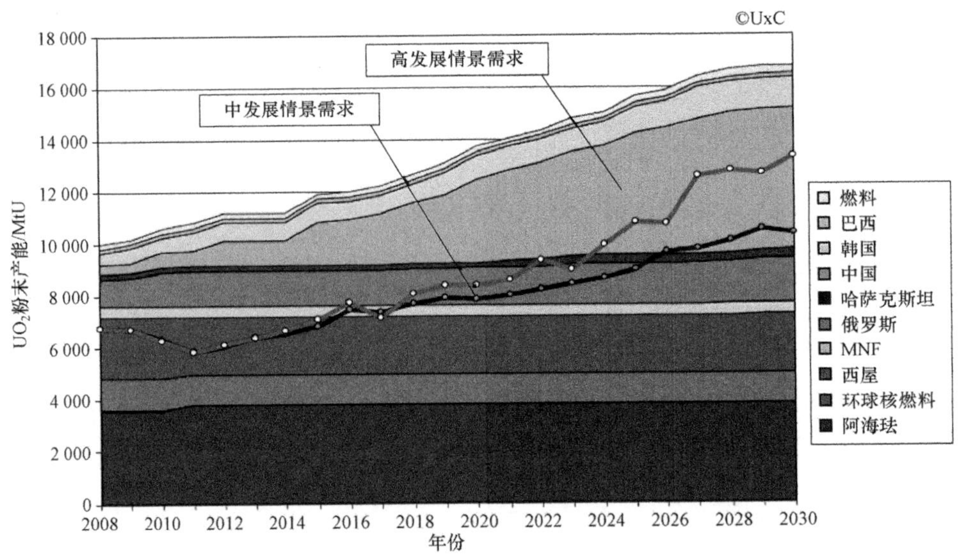

图 3　全球市场燃料元件供需预测（数据来自 UxC URM 模型情景分析）

2 国际核燃料产品价格现状与预测

2.1 价格现状

据 UxC 数据统计，2018 年 8 月核燃料整体价格约为 1 615 美元/kgU。天然铀在各环节的价格占比最高为 48%，燃料元件其次为 23%，铀浓缩为 18%，铀转化服务在燃料产品中占比最小，仅为 9%（见图 4）。

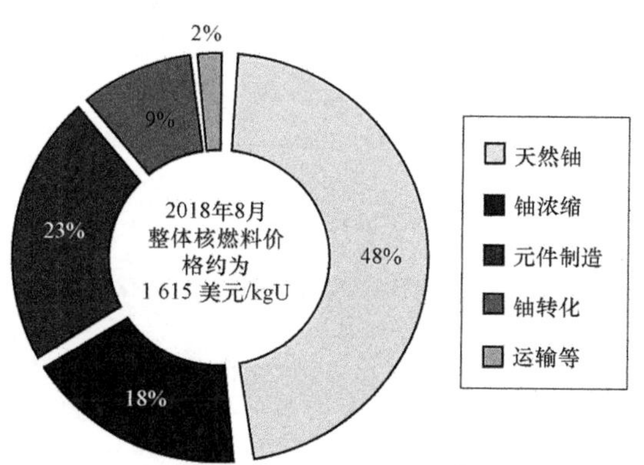

图 4 2018 年核燃料产品在全球市场的价格占比

2.1.1 铀转化

铀转化技术相对而言比较简单，仅涉及铀的化学转换。转化设施的造价也远低于浓缩设施，铀转化产品的价格也低于其他产品。

铀转化市场主要有两大供应区域：北美和欧洲，欧洲供应的铀转化价格普遍高于北美，因为欧洲铀浓缩供应商在欧洲购买铀转化服务的同时，还需要在北美购买铀转化服务，因此需要承担更高的运输费用。

根据 UxC 统计，全球铀转化市场上的现货及长期合同价格从 2004 年到 2018 年一直处于不稳定的状态（见图 5）。其中现货价格在 2005 年达到过历史最高点，北美供应价格为 11.58 美元/kgU，欧洲供应价格为 11.69 美元/kgU。2013 年后，铀转化现货价格呈现逐年下降趋势。

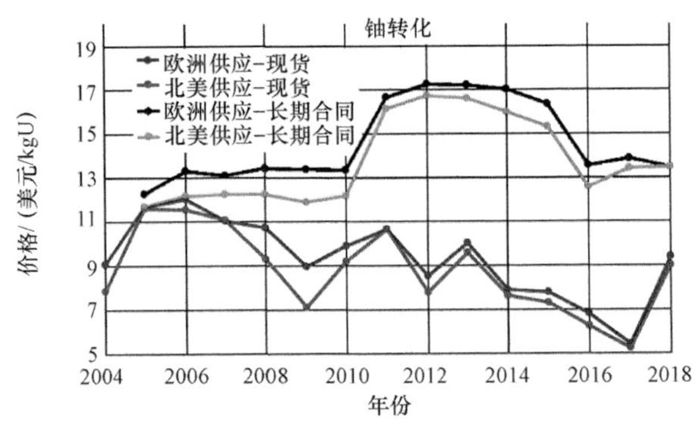

图 5 2004—2017 年全球市场铀转化价格

相比于现货价格，铀转化长期合同价格更高，2012 年欧洲供应和北美供应的长期合同价格分别是 16.75 美元/kgU 和 17.25 美元/kgU，是长期合同价格的历史最高点。在 2013 年之后，铀转化价格进入下行通道，然而长期合同价格仍然高于现货价格，这说明在现货市场过剩、价格低迷的情况下，铀转化供应商为了获得合理的收益必须保持较高的长期合同价格。

在 2018 年，铀转化的价格呈现上升趋势（见图 6），北美供应的现货价格从 1 月份的 6 美元/kgU 上升为 10 月份的 13.25 美元/kgU，北美供应的长期合同价格从 1 月份的 12 美元/kgU 上升到 10 月份的 15.5 美元/kgU。这主要是受到美国 ConverDyn 公司 Metropolis 铀转化厂 2017 年底关停的影响，一定程度上刺激了北美与欧洲客户大量积累铀转化库存，掀起了一场 UF_6 产品的采购高潮，抬高了铀转化市场价格。

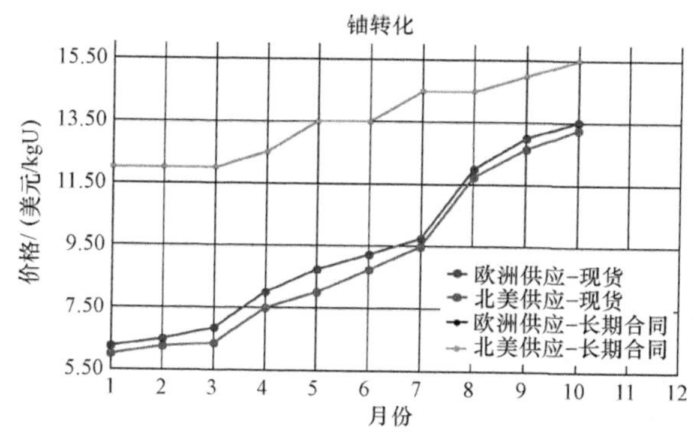

图 6 2018 年（每月的最后一个星期一）全球市场铀转化价格

2.1.2 铀浓缩

根据 UxC 统计，全球铀浓缩市场的分离功现货价格在 2004 年到 2018 年间经历了大起大落（见图 7）。2004 年到 2009 年，价格从 109 美元/kgSWU 上涨至 154.5 美元/kgSWU。然而从 2010 年开始，受到日本福岛核事故的影响，现货价格呈下降趋势，一直降至 2017 年的 43.25 美元/kgSWU。相比于现货价格，长期合同价格较高，但也一直在走下坡路，从 2009 年的 162.33 美元/kgSWU 降至 2017 年的 48.92 美元/kgSWU。

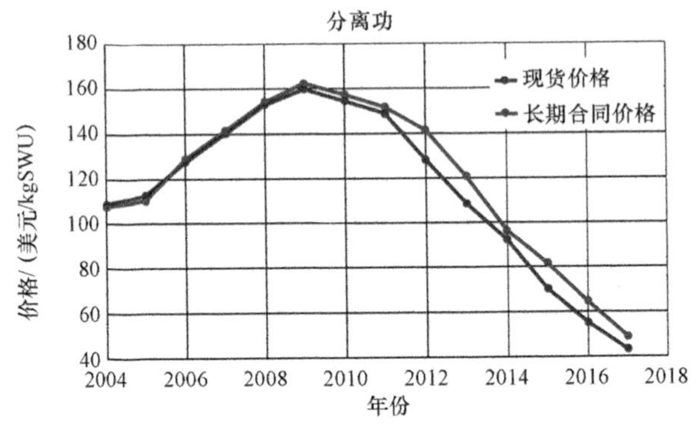

图 7　2004—2018 年全球市场分离功价格

2018 年，全球市场分离功的现货价格在前 7 个月呈现下降趋势，从 8 月分开始，分离功现货价格开始缓慢上升，2018 年 11 月分离功的现货价格为 37 美元/kgSWU（见图 8）。相比于现货价格，分离功长期合同价格一直在下降，11 月份长期合同价格为 40 美元/kgSWU。供过于求的市场形势导致分离功现货与长期合同价格屡创历史新低。

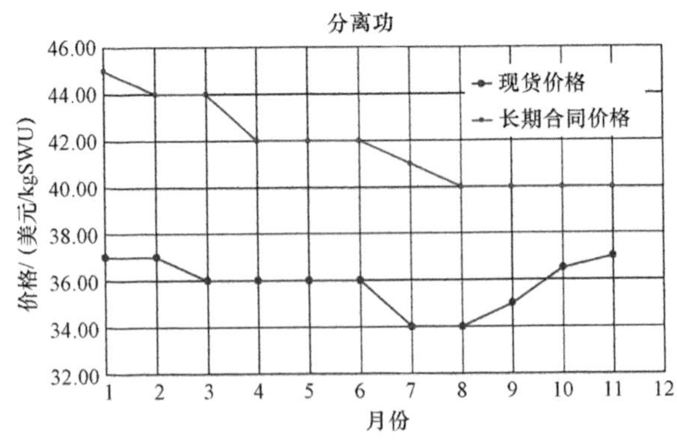

图 8　2018 年全球市场分离功价格

2.1.3 燃料元件

根据 UxC 统计，美国市场中的燃料元件价格自 2008 年以来一直呈现缓慢上升趋势（见图 9），压水堆元件价格低于沸水堆元件价格。2017 年压水堆元件价格为 353 美元/kgU，沸水堆元件价格为 388 美元/kgU。

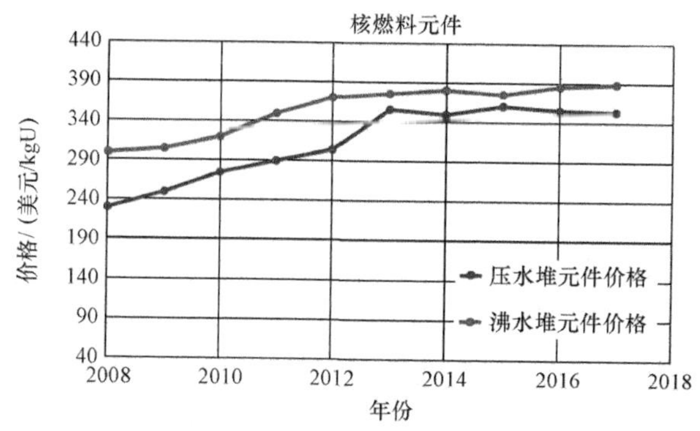

图 9　2008—2017 年美国市场燃料元件价格

2.2 价格预测

2.2.1 未来市场价格趋势分析

（1）铀转化

2017 年年底美国铀转化厂的关停导致了铀转化全球市场的价格短期内快速回暖。由于美国铀转化厂停产，美国 ConverDyn 公司大量购买铀转化现货产品以满足客户需求，其购买现货产品的量影响着未来中期铀转化的市场需求，从而影响着中期铀转化市场价格的走势。铀转化市场中期内仍将维持缓慢上升的走势，主要因素包括：一是 Cameo 与 Orano 对铀转化现货市场一如既往地采取小心谨慎的策略，不影响市场现货价格走势；二是由于大量的铀转化一次供应量开始减少，一些铀转化贸易商开始降低现货市场的交易量及频率；三是尽管铀转化市场价格的提升在一定程度上给采购方带来了心理影响，但近中期铀转化市场仍然处于一个供大于求的局面，未来短期内市场价格出现大幅提升或下降的可能性不大。

（2）铀浓缩

对于铀浓缩市场，影响近中期分离功价格走势的主要因素是核电商、供应商及中间商持有的过剩铀浓缩库存。过去几年这些库存大约占据 10%的铀浓缩市场需求，顶替了一次供应商的部分产能，从而降低了分离功的市场价格。根据预测，2019—2021 年间，全球铀浓缩库存每年约为 7 200 tSWU，仍然占据全球市场需求约 13%，一定程度上影响了未来分离功市场价格的回暖。如果一些提前关停的核电机组所持有的铀浓缩库存在全球市场中流动起来，也会阻碍未来分离功市场价格回暖。同时，目前全球主要的铀浓缩商都采用离心技术，不能做到按需生产，会进一步累积铀浓缩库存，影响未来铀浓缩市场价格的回暖。

对于未来分离功市场价格的走势，中国、日本及美国的核电发展占据着重要地位。一是日本核电开始缓慢重启，根据预测，日本到 2020 年将有 14 台核电机组重启，到 2035 年将有 23 台机组运行。随着日本核电商早先持有的铀浓缩库存逐渐耗尽，未来将产生新的铀浓缩市场需求，从而影响市场价格。二是中国核电发展仍具较大潜力，尽管中国核电发展速度放缓，但根据 UxC 公司预测，到 2035 年中国将有 122 台在运核电机组共 1.27 亿 kW 的装机容量，2018—2035 年共产生约 23.9 万 tSWU 市场需求，占据全球市场需求约 23%，对未来市场价格回暖起着重要的积极作用。三是美国核电机组提前关停，2013 年以来，美国计划将 18 台核电机组在 2025 年前提前关停，为未来市场价格波动带来不确定因素。

（3）燃料元件

燃料元件的未来市场价格趋势将受到诸多因素影响。

影响价格下降的因素包括：一是 GNF－A 与 TVEL 在欧洲及美国压水堆元件设计及供应的合作将为压水堆元件市场带来更加激烈的竞争。二是韩国 KNF 若成功挤进欧洲反应堆换料市场，同样会加剧市场竞争，从而导致价格下行。

影响价格上升的因素包括：一是福岛核事故后，根据目前已经在部分国家实施的新的核安全要求（未来可能在更多国家实施），需要修改燃料元件的设计以获得反应堆运行许可，多余的元件设计费将由核电商买单，一定程度上提升了元件购买价格；二是众多国际核燃料元件商都在不断研发更新燃料元件以提高在反应堆中的安全性、稳定性及经济性，历史经验表明新一代元件往往价格更高；三是核燃料元件供应国的通货膨胀会进一步推动燃料元件价格的提升。

2.2.2 UxC 公司预测

对于未来核燃料加工产品价格预测，UxC 公司结合全球核能未来的发展趋势，做出了低、中、高三种发展情景下价格趋势分析。预测结果如图 10～图 14 所示，分别展示在中发展情境下，铀转化、分离功与压水堆和重水堆燃料元件从 2015 年至 2030 年间全球市场价格走势。

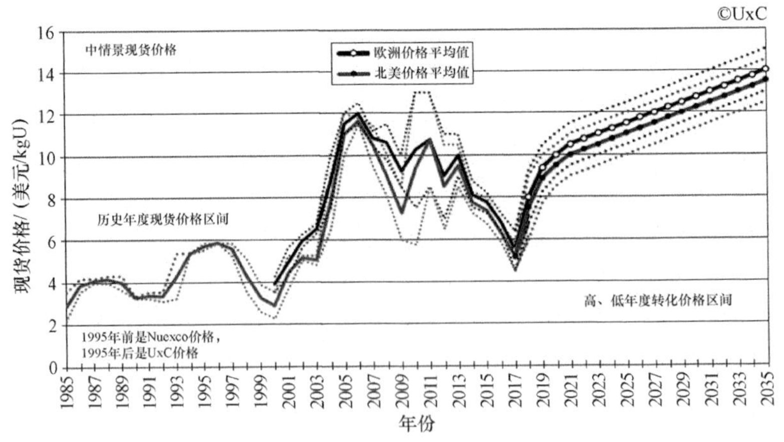

图 10　1985—2035 年全球市场铀转化现货价格趋势
（数据来自 UxC URM 模型中发展情景分析）

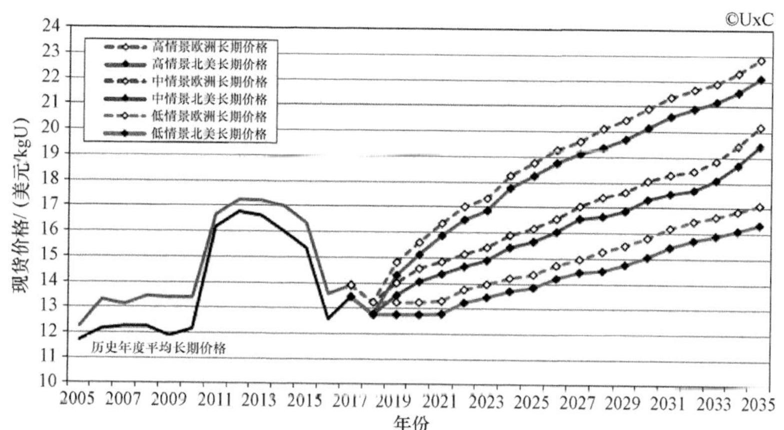

图 11　2005—2035 年全球市场铀转化长期合同价格趋势

（数据来自 UxC URM 模型低、中、高情景分析）

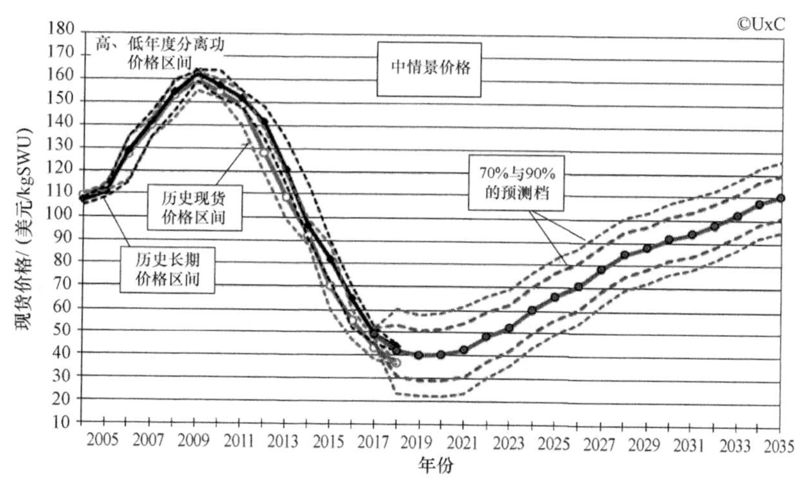

图 12　2004—2035 年全球市场分离功现货价格趋势

（数据来自 UxC URM 模型中情景分析）

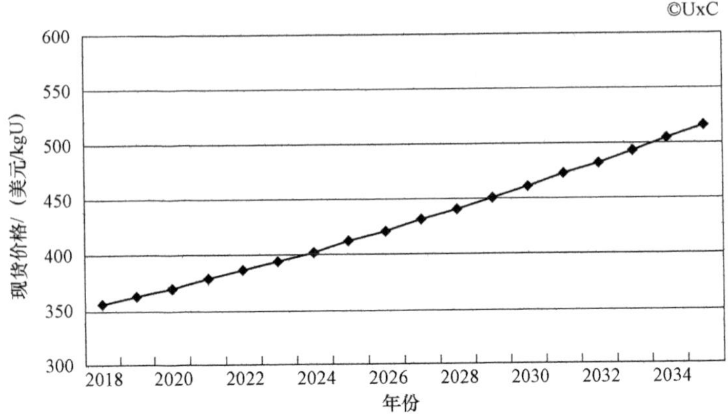

图 13　全球市场压水堆燃料元件平均价格预测
（数据来自 UxC URM 模型中情景分析）

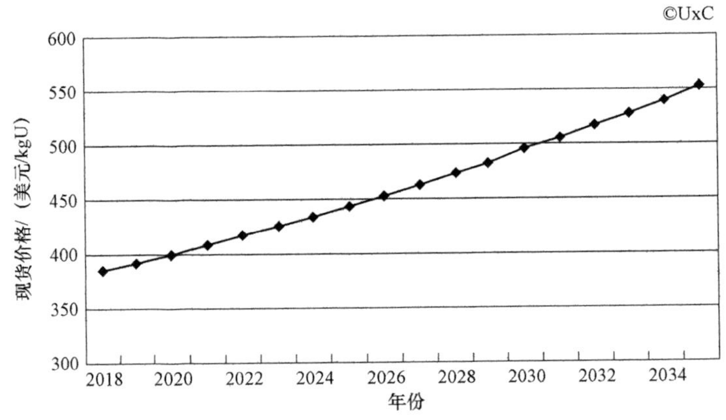

图 14　全球市场沸水堆燃料元件平均价格预测
（数据来自 UxC URM 模型中情景分析）

在中发展情景下，对于铀转化，UxC 预测从 2018 年起，铀转化价格开始回升，到 2021 年，铀转化现货价格将达到 10 美元/kgU 以上，而长期合同价格将达到约 15 美元/kgU。对于铀浓缩，在 2018 年，分离功价格已触底，之后会持续回升，到 2033 年，分离功价格预测会超过 100 美元/kgSWU。而对于燃料元件，压水堆和重水堆组件价格在未来几年均呈直线上升趋势。

3 西方国家核燃料市场供应格局分析

3.1 美国市场

2017 年装入美国核电机组的燃料组件中共含有 4 550 万 lbU_3O_8，其中 13%为国产铀，87%为进口铀。2016 装填量为 4 170 万 lbU_3O_8。

美国市场较为开放，除了本国供应外，2011 年以来，还分别从德国、荷兰、俄罗斯、英国、法国、中国等多个国家采购过分离功，其中主要进口国是西欧国家与俄罗斯（见图 15）。尽管目前美国不再具备铀浓缩一次供应的能力，但从 2013 年以来，美国市场仍然维持着一定的本国供应比例。从图 15 中可以看出，俄罗斯 2011、2012 年在美国市场的占比很大，分别为 36%与 42%。从 2013 年开始，俄罗斯在美国铀浓缩市场受到配额限制，进口比例控制在 20%上下，供应量维持在约 3 000 tSWU 左右，然而俄罗斯仍然是美国铀浓缩市场最大的海外供应国。

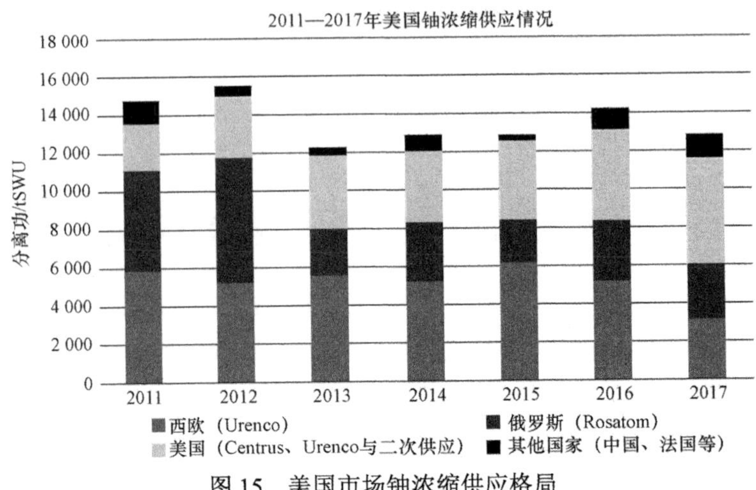

图 15 美国市场铀浓缩供应格局

据 EIA 统计，2017 年美国民用核电业主和运营商（COO）从 12 家铀浓缩服务供应商采购了共约 1.3 万 tSWU（见表 5）：43%来自美国本土（Centrus、美国 Urenco 及二次供应），23%来自俄罗斯 Rosatom，24%来自西欧 Urenco（英国 12%、荷兰 9%、德国 3%），另外 10%来自其他国家（见表 6）。2017 年美国市场分离功平均交易价格为 12.5 万美元/tSWU，以长期合同为主（见表 7）。

表 5 2016—2017 年美国核电业主及运营商铀浓缩服务供应情况

浓缩服务供应国	2017 年供应量（tSWU）	2017 年市场份额	2016 年供应量（tSWU）	2016 年市场份额
西欧（Urenco）	3 145	24%	5 185	36%
俄罗斯（Rosatom）	2 912	23%	3 188	22%
美国（Centrus、Urenco 与二次供应）	5 572	43%	4 756	34%
其他国家（中国、法国等）	1 248	10%	1 151	8%
总计	12 877	100%	14 280	100%

注：数据来源于 EIA 2017 Uranium market annual report。

表 6 2016—2017 年美国市场铀浓缩供应商

2016 年	2017 年
AREVA Enrichment Services，LLC / AREVA NC，Inc.	AREVA Enrichment Services，LLC / AREVA NC，Inc.
CAMECO	CAMECO
CNEIC	CNEIC
Energy Northwest	Energy Northwest
LES，LLC （Louisiana Energy Services）	LES，LLC （Louisiana Energy Services）
TENAM Corporation	TENAM Corporation
TENEX	TENEX
UG U.S.A.，Inc	UG U.S.A.，Inc
URENCO，Inc.	URENCO，Inc.
URENCO USA，Inc.	URENCO USA，Inc.
USEC，Inc.	USEC，Inc.
Westinghouse Electric Company，LLC	Westinghouse Electric Company，LLC

注：数据来源于 EIA 2017 Uranium market annual report。

表 7 2017 年美国民用核电业主及运营商浓缩服务购买方式

单位：kgSWU

浓缩服务类型	美国浓缩服务	外国浓缩服务	总计
现货	W	W	337
长期	W	W	12 540
总计	5 572	7 305	12 877

注：数据来源于 EIA 2017 Uranium market annual report；
W 表示不对外公开数据。

从表 5 可以看出，西欧 Urenco（英国、荷兰、德国）2017 年在美国市场供应总量为 3 145 tSWU，俄罗斯 2017 年的供应量为 2 912 tSWU。美国本土的铀浓缩供应量五年内呈上升趋势，2017 年

5 572 tSWU 铀浓缩服务来自美国本土供应商，占比 43%，创历史新高。中国、法国等其他供应国家 2017 年在美国市场供应量约为 1 248 tSWU。尽管相比于欧洲市场，美国市场较为开放，但是 Rosatom、Urenco 这两家国际铀浓缩企业仍然是美国市场的主要占有者。

3.2 欧洲市场

欧盟各国通过签署《欧洲原子能共同体（Euratom）条约》在欧盟内部建立了统一的核市场，并为此建立了一个国际组织及欧洲原子能共同体供应局（Euratom Supply Agency）来确定各国在平等的基础上获得核材料。目前欧盟共有 28 个成员国（EU－28）。截至 2017 年底，EU－28 共有 14 个成员国的 18 个核电商运营着 127 台商业核电机组，总净装机量 119 GWe（见表 8）。此外，在法国、斯洛伐克和芬兰共有 4 台核电机组在建。2016 年 EU－28 核电发电量为 839.7 TWh，占总发电量 25.8%。

表 8　2017 年 EU－28 核电机组情况

国家	在运核电机组（在建）	在运装机量（在建）/MW
比利时	7	5 918
保加利亚	2	1 926

续表

国家	在运核电机组（在建）	在运装机量（在建）/MW
捷克共和国	6	3 930
德国	8	10 799
西班牙	7	7 121
法国	58（1）	63 130（1 650）
匈牙利	4	1 889
荷兰	1	482
罗马尼亚	2	1 300
斯洛文尼亚/克罗地亚	1	688
斯洛伐克	4（2）	1 814（880）
芬兰	4（1）	2 769（1 660）
瑞典	8	8 622
英国	15	8 918
总计	127（4）	119 306（4 130）

3.2.1 核电装料

2017 年，共有 2 232 tU 新燃料装入 EU－28 的商用核电机组，较去年增加了 7%，共使用了约 1.6 万 t 天然铀、460 t 回收铀以及 1.2 万 tSWU 的铀浓缩服务。使用的燃料元件平均铀富集度约为 3.92%，80%的富集度在 3.2%～4.64%。铀浓缩平均尾料丰度为 0.23%，超过 90%尾料丰度在 0.2%～0.26%。

2017 年法国、德国、荷兰的多台核电机组装载了总计 10.7 tPu 的混合氧化物（MOX）燃料，较 2016 年增加了 19%。通过使用

MOX 燃料，抵消了约 993 tU 与 691 tSWU。

包括天然铀供料、后处理铀（RepU）与 MOX 燃料抵消在内，2017 年总共约有 1.75 万 t 铀装入 EU－28 的商用核电机组（见表 9）。其中 RepU 与 MOX 燃料属于二次供应，占欧洲天然铀市场 8%。

表 9　装入 EU－28 核电机组的天然铀来源

来源	2017 年供应量（tU）	2017 年市场份额
非欧洲	16 084	91.7%
RepU 与 MOX	1 453	8.3%
总量	17 537	100%

注：数据来源于 Euratom Annual report 2017。

3.2.2　天然铀

2017 年装入 EU－28 核电反应堆的燃料组件中共含有约 1.4 万 t 天然铀，全部来自非欧洲地区（见表 10）。其中加拿大（28.6%）与俄罗斯（15.3%）天然铀市场份额占比最大。非洲有尼日尔与纳米比亚两大天然铀进口国，其中尼日尔在 EU 占比更大，约 15%。

表 10　2017 年 EU－28 核电机组的天然铀供应情况

天然铀供应国	2017 年供应量/tU	2017 年市场份额	供应量变化比 2017 年/2016 年
加拿大	4 099	28.6%	39.2%
俄罗斯	2 192	15.3%	－20.7%
尼日尔	2 151	15%	－31.8%
澳大利亚	2 091	14.6%	10.3%

续表

天然铀供应国	2017 年供应量/tU	2017 年市场份额	供应量变化比 2017 年/2016 年
哈萨克斯坦	2 064	14.4%	–8.7%
纳米比亚	923	6.4%	83.1%
乌兹别克斯坦	348	2.4%	201.9%
美国	193	1.3%	54.2%
尾料再浓缩	171	1.2%	–19.2%
其他	80	0.6%	–38.5%
总量	14 312	100%	

注：数据来源于 Euratom Annual report 2017。

3.2.3 铀转化

2017 年 EU–28 核电商共接收了 1.28 万 tU 铀转化服务（见表 11），主要来自四家供应商，分别是 Orano（40%）、Rosatom（21%）、Cameco（17%）和 ConverDyn（16%）。其中 8 458 tU 源自独立铀转化服务合同，占 66%。剩下的 4 358 tU 源自其他合同（天然六氟化铀、铀浓缩产品采购合同以及燃料组件捆绑合同），占 34%。

表 11　2016—2017 年 EU–28 核电机组的铀转化服务供应情况

铀转化供应商	2017 年供应量/tU	2017 年市场份额	2016 年供应量/tU	2016 年市场份额
Orano（欧洲）	5 166	40%	5 490	39%
Rosatom（俄罗斯）	2 668	21%	3 848	27%
Cameco（加拿大）	2 149	17%	2 265	16%

续表

铀转化供应商	2017 年供应量/tU	2017 年市场份额	2016 年供应量/tU	2016 年市场份额
ConverDyn（美国）	2 010	16%	2 031	14%
其他	823	6%	636	4%
总计	12 816	100%	14 269	100%

注：数据来源于 Euratom Annual report 2017。

3.2.4 铀浓缩

EU－28 铀浓缩服务供应主要有四个来源：分别是西欧的 Orano 与 Urenco，俄罗斯的 Rosatom，俄罗斯回收浓缩铀（ERU）与美国的 Centrus。2011 年以来，欧洲市场主要被 Orano、Urenco 与 Rosatom 所占据 （见图 16）。

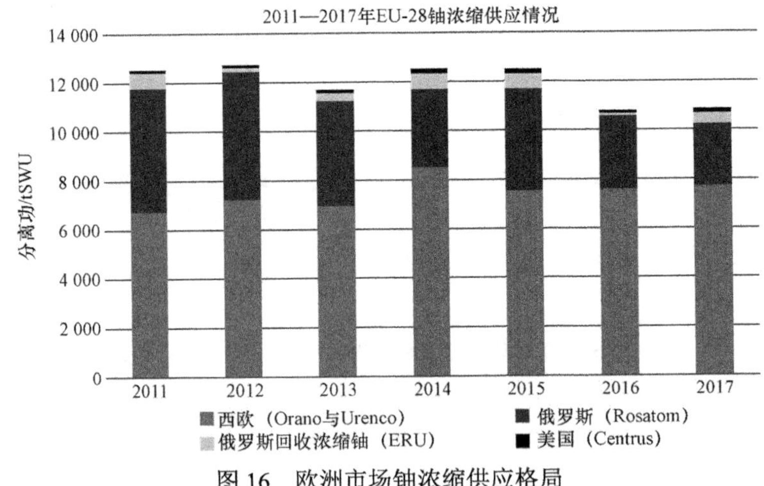

图 16 欧洲市场铀浓缩供应格局

据 ESA 统计，2017 年 EU－28 核电商共接收了约 1.09 万 tSWU 铀浓缩服务（见表 12）。其中 Orano 与 Urenco 供应量最大为

7 691 tSWU，占 71%；从 Rosatom 采购共约 2 524 tSWU，占 23%，较 2016 年的供应量减少了 15%，在欧盟供应占比减少了 5%；Centrus 向欧盟供应约 200 tSWU，仅占 2%。

表 12　2016—2017 年 EU－28 核电机组的铀浓缩服务供应情况

浓缩服务供应商	2017 年供应量/tSWU	2017 年市场份额	2016 年供应量/tSWU	2016 年市场份额
西欧（Orano 与 Urenco）	7 691	71%	7 579	70%
俄罗斯（Rosatom）	2 524	23%	2 966	28%
俄罗斯回收浓缩铀（ERU）	447	4%	119	1%
美国（Centrus）	200	2%	110	1%
总计	10 862	100%	10 775	100%

注：数据来源于 Euratom Annual report 2017。

3.3　铀浓缩市场供应格局已基本形成

国际铀浓缩市场以欧洲与美国市场为主，欧洲与美国的市场供需情况反映了全球的铀浓缩市场状况。目前欧洲及美国的市场供应格局已基本形成。2017 年，铀浓缩欧洲市场被 Orano、Urenco 及 Rosatom 共同占据了约 94%；铀浓缩美国市场被 Urenco、Rosatom 及本土供应占据了约 90%。Orano、Urenco、Rosatom 在西方核电国家拥有较高的市场地位，从这三家企业年报上看，在供大于求、价格下行的市场环境下，Orano、Urenco、Rosatom 在 2017 年仍在铀浓缩业务领域实现盈利。同时基于离心铀浓缩厂运行时间越长成本核算越低的特点，国际老牌铀浓缩公司市场议价空间更大，拥有绝对的抢占市场优势。因此，近期西方国家的铀浓缩市场供应格局将不会有所改变。

然而，市场中高度的供应依赖度可能造成严重后果。如果这些供应商的任何一座铀浓缩设施产量下降，尽管市场供过于求，仍将产生巨大影响。例如，2017 年底美国康弗登铀转化厂的关停，便刺激了同样供大于求、价格下行的国际铀转化市场，掀起了铀转化现货采购的高潮，铀转化现货价格出现拐点，开始大幅上涨。据 UxC 公司统计，铀转化价格从 2017 年 10 月的 4.5 美元/kgU 上涨到 2018 年 10 月的 13.25 美元/kgU。

4 国际核燃料相关企业动向

4.1 俄罗斯 Rosatom

4.1.1 加快新技术开发和布局

俄罗斯核燃料产供集团（TVEL）支持新技术开发，主要研究集中在研发新的核燃料和堆芯结构，尤其是针对 VVER－1000/1200 模型。其他研发项目包括：新型气体离心机的开发研发；优化为西方设计的反应堆配套的 TVS－K 燃料组件的设计；发展用于小型核电站系统、液态堆以及浮动反应堆新型核燃料，也包括研发核动力破冰船堆芯的核燃料；改进 TVSA－PLUS、TVS－2M、RK－3、TVSA－12 等先进核燃料性能，提升技术性和经济性；积极研发铅铋冷核燃料元件。

2018 年，为了支持 BREST－300 铅冷快堆建设运行，TVEL 启动建设一座核燃料制造厂，该燃料为不锈钢包壳的高密度铀－钚氮化物燃料。与此同时，2018 年，一批 TVSA－T2 型燃料已经装入捷克泰梅林 2 号机组。据悉，该燃料可以提升可靠性和经济性。

TVEL 积极申请政府经费，2017 年 2 月 8 日宣布签署三份政府资助合同，针对辐照后的铀－钚－镎燃料加工，开展后续放射性废物的处理以及先进快堆核燃料制造工艺的数学模拟、放射性废物的后处理和管理。

4.1.2 新燃料元件进军美国、欧洲市场

TVEL 针对西屋压水堆使用的核燃料元件 TVS－K，进入研发后期。目前已经与环球核能燃料美国有限公司（GNF－A）达成协议，

共同开发美国市场。此外，TVS－K 在欧洲市场已经斩获首个合同。2016 年 12 月，TVEL 与瑞典瓦腾福公司（Vattenfall）签署 TVS－K 商业供应合同。首批用于换料的 TVS－K 燃料将于 2021 年交付。

4.1.3 积极布局数字化信息技术战略

2018 年，俄罗斯核燃料产供集团（TVEL）管理委员会批准了内部数字化的信息技术战略及 2023 年展望，未来将在所有关键领域包括管理和制造领域引入数字化信息技术。

该战略将在重点领域实施 130 多个项目：数字化制造、工程数据、运行生产管理、设备维护与维修、企业管理效率提升、生产安全、网络安全及信息技术基础架构。该战略的一个重点是数字化制造，以期实现理想的生产流程；另一个重点是实现集团内各个公司集成到一个一体化的产品生命周期管理数字平台中，在开发人员和合作伙伴之间创建一个互动的数字生态系统。

4.2 美国 Centrus

4.2.1 铀浓缩技术与业务

2017 年，森图斯（USEC 重组后公司）能源公司提出将继续开发离心机。该公司和美国能源部橡树岭国家实验室将继续合作开发AC 100 气体离心浓缩技术。该项目的目的是继续改进离心机技术，以进一步降低成本，提高效率。森图斯是美国唯一拥有离心技术的铀浓缩公司。正在开发的新技术主要是为了支持国家安全和能源安全的需求。2018 年 2 月有报道指出，为了满足直至 2038 年或 2041 年的国防需求，美国能源部（DOE）军管局采取两种基于本国浓缩铀保障目的的技术路线，一种是森图斯 AC100 离心机，一种是基于美国橡树岭国家实验室（ORNL）的“小型离心机”。匹配的相应预算正在执行中。

2018 年 4 月，森图斯与欧安诺签署一份长期合同，欧安诺将向森图斯供应 2023—2028 年的超过 6 000 tSWU 的浓缩服务。

4.2.2 拓展核燃料元件产业

美国森图斯能源公司和 X 能源公司（X－energy）于 2018 年 11 月 30 日签署合同，将继续开展燃料厂的初步设计。该厂将基于 X 能源三元结构各向同性（TRISO）燃料技术制造先进核燃料。

森图斯能源与 X 能源早在 2017 年就签署谅解备忘录，计划建设一座核燃料厂，用于为 X 能源的 Xe－100 型高温气冷模块堆及其他先进反应堆制造 TRISO 燃料。2018 年 3 月，两家公司签署了燃料厂概念设计合同。此次新签署的合同是在 3 月合同基础上取得的最新进展。

4.3　美国 Westinghouse

4.3.1　改换东家

2018 年初，西屋电气公司同意以约 46 亿美元被布鲁克菲尔德资产管理公司（Brookfield Asset Management）的一家上市公司（Brookfield Business Partners）收购。这一收购价格包括西屋电气有限公司所有的全球业务，以及其附属债务人和债务人持有资产（统称“西屋电气”），不包括现金，但包括一定的养老金、环境以及其他经营义务。该交易于 2018 年 1 月 4 日公布，已于 8 月 4 日结束并生效。

4.3.2　扩大原俄罗斯专属核燃料市场

2016 年，乌克兰从俄罗斯进口核燃料的数量与 2015 年同比下降了 36.7%，而从西屋公司进口的核燃料则从 2015 年的占总进口量的 5%上升到 2016 年的 29.5%。2018 年 1 月，西屋与乌克兰签署核燃料供应合同，将供应合同期限从 2020 年延长至 2025 年。

在欧洲其他地区，西屋电气公司及其 8 个欧盟合作伙伴已批准了西屋公司针对 VVER－440 类型反应堆燃料的概念设计。目前，5 个欧盟成员国（保加利亚、捷克、芬兰、匈牙利和斯洛伐克）共有 18 座运行中 VVER 机组，这些机组 100%依赖俄罗斯燃料制造商的供应。欧洲原子能共同体明确提出欧洲 VVER 反应堆要实现核燃料供应多元化，即每个核电运营商要有一个以上的核燃料供应商。

2019 年初，乌克兰能源和煤炭工业部部长纳萨里克表示，乌克兰计划在其南部的核电站场址建造一座核燃料厂，并将在 2019 年秋季宣布为该项目的建造和融资进行招标。西屋电气公司将提供燃料制造技术，此外它还准备共同参与投资这一项目。

4.3.3 积极开展新型燃料元件研发

西屋公司宣布已正式推出 EnCoreTM 耐事故燃料方案，该燃料将分两个阶段交付。第一阶段 EnCore 燃料产品采用有覆层的包壳、硅化铀芯块，相较于以前的燃料，这些芯块的密度和热导率更高，延长了包壳寿命，提高耐磨损性能和安全裕量。第二阶段 EnCore 燃料还将采用碳化硅包壳。该燃料第一阶段已完成设计和初步方案论证，第一阶段产品将于 2019 年在拜伦核电厂接受测试；第二阶段产品计划于 2022 年进入商业测试。2018 年 5 月，西屋公司与西班牙 Enusa 公司签署框架合作协议，合作推进西屋 EnCore 耐事故燃料研发。

4.3.4 积极布局3D打印技术

西屋公司目前正计划在商业核反应堆中安装由 AM 316L 不锈钢和非 AM 304 制成的顶针堵塞装置。西屋公司正计划使用 3D 打印技术，为核电站的反应堆生产原型和燃料部件，商用核反应堆中采用 3D 打印零部件的核燃料组件将在 2018 年秋季安装。

西屋目前正在与电力研究院（EPRI）、橡树岭国家实验室、田纳西州和罗尔斯·罗伊斯公司合作，开发“在线监测和综合计算材料工程过程”。西屋专家表示，3D 打印技术可以让大型阀体、管道部分和连接件等许多铸件的成本下降 50%，并缩短生产周期。

4.4 法国 Orano

4.4.1 重组方案尘埃落定

2017 年，AREVA 重组方案尘埃落定，政府批准 50 亿欧元增资。重组过程中的新阿海珐集团（New Areva）更名为欧安诺（Orano）。该公司是原阿海珐集团剥离了反应堆及元件业务（该部分业务重新组建新公司，即法马通公司）的公司。欧安诺公司业务活动涵盖铀矿开采、铀转化、浓缩机乏燃料管理、物流、退役与工程，年收入 40 亿欧元，持有总订单 318 亿欧元。该公司聚焦于以下战略：2020 年亚洲应收占比达 30%，2018 年产生正的净现金流，2025 年投资用于现代化改造。

4.4.2 加强与光桥公司合作建厂生产金属核燃料

2017 年，美国光桥公司（Lightbridge）和阿海珐 NP 公司（AREVA NP）宣布双方已商定在美国组建合资燃料企业的关键条款，双方各持 50%股权。2018 年 1 月，该公司正式组建。新公司将基于光桥的“下一代”金属核燃料技术，开展金属核燃料的开发、制造和商业化推广工作。目前美国道明尼能源公司、杜克能源公司、爱克斯龙电力公司和南方核运营公司已同意未来将光桥试验组件装入反应堆。目前该燃料正在挪威哈尔登试验堆进行测试，为美国 NRC 提供评审数据，预计 2020 年完成。2017 年，光桥公司与美国 BWXT 核能公司签署协议，以评价该公司生产该燃料的可行性。

4.4.3 升级改造铀转化设施

马尔维西（Malvesi）的科莫海克斯二期（COMURHEX Ⅱ）转化厂升级改造费用为 3.47 亿美元，主要目的是建设一座新型的硝酸盐废物处理设施，以满足严格的环保要求——现有的中低放废物管理部门拒绝接受含有硝酸盐的废物。这项工作于 2018 年启动，预计 2020 年年底或 2021 年年初完成。

实际上，针对铀转化设施的 5 亿美元升级改造刚完成，实现了耗水量减少 90%，氨消耗量减少 75%的目标，并可对 50%硝酸进行循环利用。

欧安诺准备提高其在亚洲市场的份额，目前每年生产 1.4 万～1.5 万 tU，直接雇佣 250 名员工，通过分包商间接雇佣 100 多名员工。

4.4.4 新型燃料研发已经获得市场认可

阿海珐具备多种核燃料元件的供货能力，其最新的 ATRIUM™ 11 先进沸水堆燃料以及 GAIA 和 HTP™压水堆燃料从 2020 年开始向 4 个不同的核电设施供货。

此外，阿海珐积极推进耐事故燃料组件研发。2017 年 7 月 12 日阿海珐宣布，含有新型耐事故燃料棒的 4 个试验组件将于 2019 年春季装入美国沃格特勒 2 号机组。这种新型燃料的研发获得了美国能源部耐事故燃料研发计划的支持。

5 启示建议

纵观全球，尽管铀转化价格有所回升，但整体上看当前核燃料市场仍然是一个供大于求、交易价格低迷、扩建或新建计划被搁置的市场，而且这种局面近期没有回暖迹象，市场竞争进入空前的白热化阶段。目前我国核燃料加工产能富裕，未来核燃料出口是消化国内富裕产能的有效途径。然而目前我国核燃料加工产业正处于爬坡期，与他国在技术及经济性存在一定差距，面临严峻的市场挑战。针对国际市场开发需从以下几个方面寻求突破。

5.1 保护国内市场，争取国家优惠政策

国内市场是我国核燃料产业发展的基础条件。政府通过进出口政策、关税等多种方式保护本国市场是国际上的普遍做法：俄罗斯低价格倾销分离功，美国及欧洲市场采取配额政策，限制其进口比例不超过 20%。因此，可呼吁国家制定核燃料市场配额准入政策，以保护我国核燃料企业健康发展。同时，目前天然铀、浓缩铀以及核燃料加工服务出口不在出口退税名单中，建议国家调整税收政策，将铀浓缩等核燃料产品纳入出口退税清单，为我国核燃料加工产品参与国际竞争创造有利条件，从而增强我国企业在国际市场的话语权。

5.2 积极开拓新兴核电国家核燃料市场

积极开拓巴基斯坦、阿根廷、阿联酋等新兴核电国家的核燃料市场。目前老牌西方核电国家的核燃料市场已被几家国际企业瓜分，短期内实现突破难度很大，而“一带一路”沿线国家的核燃料市场供应格局仍未完全形成，拥有较大增长潜力。应抓住机遇期，积极响应国家“一带一路”倡议，通过国家政治外交、经济合作等方式，以核电、核燃料一体化“走出去”为主要策略，为核电运行提供长寿期的核燃料供应服务。

5.3 创新驱动，不断研发先进铀浓缩技术

只有掌握比别人更先进的技术，才能避免受制于人，才能在市场上占有一席之地。美国的气体扩散技术曾经独霸天下，20 世纪 70 年代后期占西方国家铀浓缩总产能的 90%以上，是西方铀浓缩市场的绝对主导者。但是，欧洲的气体离心技术后来居上，在经济性上远胜于气体扩散技术。随着 Urenco、Orano、Rosatom 逐渐进入世界铀浓缩市场，美国在西方铀浓缩市场上的地位开始下降，美国铀浓缩产业陷入低谷。为了夺回技术优势，美国一直将第三代铀

浓缩技术即激光铀浓缩技术作为重点发展方向，以期在下一代商业铀浓缩技术上先人一步，从而在世界铀浓缩服务市场上建立起更强大的竞争力。

5.4 利用全产业链优势，制定灵活的贸易策略

我国是全球为数不多的建有完整核燃料循环产业链的国家。应发挥全产业链优势，制定灵活的市场开发策略，考虑为出口铀浓缩服务的国家提供铀转化、元件制造以及乏燃料后处理服务。当前，铀浓缩国际市场正处于买方市场，多家铀浓缩企业（如 Urenco）已出现亏损，就近期而言，价格估计将跌无可跌。因此，在国际燃料产品市场中逢低买入、逢高卖出，或许是当前阶段的上策。从另外一个角度去考虑，在国际市场"寒冬"的严峻形势下，如若国际企业因此而被击垮，坚持下来的我国企业将迎来国际市场的"春天"。

科技丛书的选题策划与出版

——以《中国核科学技术进展报告》为例

报告回顾了中国原子能出版社近年来出版的核科技丛书的策划过程，以案例形式分析了核科技丛书的特点以及策划的方法，详细讲述了出版中的注意事项，对于年轻编辑有一定的借鉴作用。

主 讲 人： 付真，女，（1968—），山东蓬莱人，1991 年 7 月毕业于首都师范大学化学系，获得化学学士学位。现任中国原子能出版传媒有限公司第一编辑室副编审，院书刊编研领域科技带头人、出版社学术委委员。

策划编辑的图书《走近核科学技术》获得第一届中国科普作家协会优秀科普作品奖优秀奖（2010 年）；策划的丛书《中国实验快堆系列丛书》入选“十二五”国家重点图书出版规划项目；《宇宙能源——聚变》获得四川省翻译工作者协会翻译创新研究成果译著作品一等奖（2008 年）和四川省第 14 次哲学社会科学优秀成果二等奖（2010 年），《国际核聚变能源的研究现状与前景》与《惯性约束聚变导论》同时获得四川省翻译工作者协会科技翻译成果一等奖（2015 年）。

报告日期： 2018 年 7 月 13 日

科技丛书的选题策划与出版

——以《中国核科学技术进展报告》为例

图书选题策划是一门大学问，它是现代出版产业的核心竞争力。因为图书选题策划的过程，就是编辑按照一定的出版意图对各种可供出版的精神文化现象进行选择、策划、组织、加工和创新的过程。它涉及方方面面的知识，思维学、创造学、信息学、语言学、图书学、读哲学、阅读学、市场学等。它是具有很强的专业性和学术性的跨学科应用研究，也就是说它是集思想性、知识性和科学性于一身的大学问。

选题研究是出版学的学中之学，是研究编辑出版的聚点所在。在出版领域，选题是对出版物的主题、内容、名称等的总体设计。

在选题的策划过程中，编辑要围绕着选题进行信息研究、思考设计、多方论证等艰苦劳动。

丛书，是指由很多书汇编成集的一套书，按一定的目的，在一个总名之下，将各种著作汇编于一体的一种集群式图书。形式有综合型、专门型两类。作为核行业的专业出版社，多年来，我们策划出版了一系列特色丛书，我以《中国核科学技术进展报告》为例，进行分析。

1 案例介绍

1.1 出版信息

书名：中国核科学技术进展报告

编者：中国核学会

策划编辑：付真

编辑：出版社编辑团队

出版单位：中国原子能出版社

出版时间：2009—2019

定价：1 200 元

内容简介：中国核学会学术年会自 2009 年以来，每两年召开一次，是我国核科技界学科设置最全、规模最大、最具影响力的学术交流平台，至今已成功举办五届，学术年会已经成为我国核科技工作者交流学术思想、探讨前沿学科发展的舞台，是党和国家、政府密切联系广大核科技工作者的重要桥梁和纽带。每一届大会参会代表约为 1 200 人，有来自核领域 20 余位院士参会。为了巩固会议成果，特将优秀论文集结成册出版。

1.2 编者简介

中国核学会（Chinese Nuclear Society，CNS），是在中国共产党领导下，核科学技术工作者自愿结成、依法登记，具有法人资格的全国性、学术性、非营利性的社会团体，是党和政府联系核科学技术工作者的桥梁纽带，是发展我国核科学技术事业的重要社会力量。

1.3 社会影响

该论文集收录的论文由于内容反映了我国核行业的最新动态和成果，且经过专家的严格评审，出版质量精良，现已被中核集团等单位的职称评审委员会认定为视同在省部级学术刊物上发表的论文，并被国际原子能机构图书馆收录。

2 案例分析

2.1 科技丛书选题策划

图书策划要围绕重大科技进展和节点、围绕大科学和大工程、关注重点单位、把握国际热点。几种策划方法如下：

（1）市场调研

参加行业展览会，了解行业发展动向，并通过参加图书展览会了解新媒体的发展，运用到工作中。

（2）拜访科研院所

了解行业内重点单位，取得联系并保持沟通，为对方量身定做图书或提供信息帮助。

（3）紧跟重大专项和前沿科学技术

编辑可以通过参加学术会议以及作者队伍了解行业的最新科技成果和动向，进行策划和组织编写。

（4）按照国家政策方针策划

用习近平总书记新时代中国特色社会主义思想，武装头脑、指导实践、推动工作、坚持四个自信。作为策划编辑，我意识到我们的作品应该面向世界科技前沿，面向国民经济主战场，面向国家重大战略需求，抢占科技竞争和未来发展制高点。用于提出新理论、开辟新领域、探寻新路径，在独创独有上下功夫，我国的研究成果应该先在我们的国家发表，具有自己的版权。为此，我找到中国核学会，提出我的想法：以中国核学会的名义，搜集各个分会的研究成果进行整理，结集成册。我的想法获得了中国核学会的支持，他们决定把两年一次的学术年会优秀论文挑选出版。

2.2 科技丛书编辑出版

2.2.1 总体设计

中国核学会学术年会有 26 个分会，每两年约有 700 多篇文章。出版前首先要分析每篇文章特点和图书功能以及读者对象，如何让它们结构清晰，便于查找和阅读是这本书的难点。

（1）提前植入市场元素——书名是最重要的营销利器

书名是一本书最基本、同时也是最持久的广告。经过市场调研，最终确定为《中国核科学技术进展报告》。

（2）图书的开本采用 A4 国际开本，一方面可以降低厚度，另一方面可以与国际接轨，多年后也不过时；

（3）相近专业合并成 10 个分册，每个专业用特种纸分隔，图书封面每卷按颜色区分，在封 4 列出 10 本分册的分类，并在书脊和封面列出本册所含专业；

（4）设立大会组织机构名单，分册设立编委会，并按姓氏笔画排序。

2.2.2 组建和谐团队

策划编辑在整个项目整个担当总设计师、总指挥和总调度。

项目开工之前，策划编辑进行整体设计，之后列出各个环节的任务和时间表，编辑、制作、印制、校对、营销等每个环节都考虑周全，安排到位。无论工程多繁杂，都要做到忙而不乱，井然有序。

2.2.3 追求完美，打造精品

（1）为编辑提供模板和讲解，并提供作者单位的准确标准，进行统一，避免一个单位多个名称；

（2）为了避免作者跨专业多次投稿，用排序法进行查重；

（3）出版社负责三审三校，排版的工作找三家单位同时进行，通过互相竞争促进和提升质量。

2.2.4 营销方法

优秀的出版人不可身处营销之外，还应把营销当作自己的重要工作内容。出版人要能够有充分的耐心和毅力，能够不好高骛远，脚踏实地，了解本身与工作对象的特性。由于是专业图书，有特定的读者群，我们经过思考，认为专业会议是推广的最佳地点。为此，图书出版后，我们在中国核学会成立 30 周年纪念大会上进行了推出和宣传，由中国核学会秘书长进行介绍，并与我社社长一起向理事单位赠书，取得了很好的效果；策划编辑还撰写了新书出版报道的文章发表在专业报纸上，节约了大笔的宣传费用。

2.3 启示与建议

（1）从书的编辑出版锻炼了编辑，大家通过工作进行业务交流，业务水平获得提高；

（2）出版社的品牌效应得到加强；

（3）通过论文的筛选可以发现和培养优秀作者；

（4）论文集由于覆盖了整个核行业，有着广泛的群众基础和巨大的社会影响力；

（5）由于连续十几年的出版，因而树立了品牌，扩大出版社的知名度。

参考文献：

［1］梁春芳，高虹. 图书选题策划案例教程［M］. 上海：上海交通大学出版社，2014.

［2］杨树录. 科技出版论坛［M］. 北京：中国原子能出版社，2013.

［3］周浩正. 优秀编辑的四门必修课［M］. 北京：金城出版社，2008.

智库产品中地图插图应注意的问题

意识形态工作是党的一项极其重要的工作，关乎旗帜、关乎道路、关乎国家政治安全。而地图则是意识形态的一个具体体现。报告通过讲述为什么要特别注意地图插图、地图插图中容易出现的差错以及如何避免差错出现，结合实际案例论述了智库产品中地图插图应注意的问题以及可能产生的重大政治影响，为广大科技工作者提供参考。

主 讲 人： 王青，女，汉族，中共党员。1983 年生，2007 年毕业于北京理工大学机械专业，研究生学历。现任院书刊编研领域科技带头人、出版社学术委委员、副编审，中国原子能出版社第三编辑室编辑。毕业后一直在出版社从事编辑工作，策划出版了《徐主任讲核电》《铸剑》《自主创新跨越发展——方家山核电建设经验汇编》《宁德核电工程项目管理》等图书。

报告日期： 2018 年 7 月 13 日

智库产品中地图插图应注意的问题

意识形态工作是党的一项极其重要的工作，关乎旗帜、关乎道路、关乎国家政治安全。近年来，意识形态工作不断强化，党的十九大报告指出，“意识形态决定文化前进方向和发展道路”，“要牢牢掌握意识形态工作领导权”，为做好新形势下意识形态工作提供了根本遵循。而地图则是意识形态的一个具体体现。

1　为什么要特别注意地图插图

1.1　加强意识形态工作的需要

智库，是出思想，出成果的领域。2017 年以来，中核智库发展跨入新高度。2017 年度十大事件中，入选中国核心智库、研究成果获得国务院副总理张高丽的批示、首次作为主要承研单位参与国家重大专项、首次成为军队某重点工作的主要支撑力量、深度参与集团重点产业和重大专项、策划推出系列智库新产品等，全面体现一年来所取得的成绩。那么在这些成绩中，在“服务政府、服务军方”及“高质量发展”的工作思路中，应该注意些什么，以确保不出重大问题，值得好好思考。尤其是十九大之后，对加强意识形态工作提出了更高要求，而智库以及智库思想和成果最需要重视的就是意识形态问题。

我院关于加强意识形态工作文件中指出，意识形态阵地包括：院主办的杂志、网站、微信平台、出版物，各类展览展示，对外交流活动等。另外，提交政府和军方的建议书、报告等也要非常注意意识形态问题，这一点绝对不能出问题。在这些阵地中，经常为说明问题而配一些地图类的插图。

地图是表示国家版图最常用、最主要的形式。国家版图指一个国家行使主权的疆域，被视为国家主权和领土完整的象征。“问题地图”不仅仅是有问题的地图，漏绘重要岛屿、错绘国界线等行为，如同篡改历史一样，如不加注意，极有可能歪曲大众的认知。由“问题地图”引发的地图安全与主权问题不容小觑。地图虽小却能成为关键的凭证。不难想象，若是“问题地图”流传开来，不仅对社会公众产生不良影响，更会成为境外敌对势力攻击的把柄，甚至引发国际纠纷。

1.2 执行国家专项规定的需要

国家规定中，与地图相关的大约有 5 种，分别是《公开地图内容表示若干规定》《公开地图内容表示补充规定（试行）》《地图管理条例》《地图审核管理规定》《图书出版管理规定》。

其中《公开地图内容表示若干规定》和《公开地图内容表示补充规定（试行）》从公开地图和地图产品上不得表示的内容（具体形状及属性），比例尺、开本、经纬线，界线，及有关省区及相邻国外地区地图等方面进行了规定；《地图管理条例》和《地图审核管理规定》对地图编制、地图审核、地图出版、互联网地图服务、监督检查、法律责任等有明确的规定，我们应该遵照执行；《图书出版管理规定》是对出版社的规定，其第二十一条明确规定：出版辞书、地图、中小学教科书等类别的图书，实行资格准入制度，出版单位须按照新闻出版总署批准的业务范围出版。具体办法由新闻出版总署另行规定。

1.3 吸取国家专项整治经验的需要

2016 年，我国各地开展地图市场检查 1 660 次，共查处地图违法违规行为 253 件，涉及“问题地图”4 万余件、有问题的地图网站 1 000 余个。这组数据触目惊心。也正是因为这个原因，2017 年 8 月 4 日，国家测绘地理信息局联合发布了《关于开展“问题地图”专项治理的通知》，并于 8—10 月在全国开展了“问题地图”的专项整治行动。紧接着，新华社北京 2018 年 1 月 29 日电：从国家测绘地理信息局了解到，该局近日通报了在全覆盖排查整治“问题地图”专项行动中查处的第一批 8 起典型案件。

8 起典型案件中，既有出版物中出现的问题，也有网站登载的问题，还有地图产品存在的问题。其中“无印良品”商店登载“问题地图”案上榜尤其深刻背景。日本企业无印良品在中国的宣传地图因错绘国界线、漏绘钓鱼岛等重要岛屿，被中国测绘局责令回收并销毁。无印良品回应地图问题通报属实，已按要求整改。但另有媒体报道，在此之前，日本政府表示“不能接受”中国采取的措施。好在无印良品日本总部株式会社“良品计划”致电《环球时报》记者称，没有对日本政府表达任何希望其介入的意向。针对如何看待日本政府表态，该公司称“不评价”，公司真挚地接受中方指出的问题，表态今后将认真遵守法律法规。这一点也进一步说明，“问题地图”不仅对社会公众产生不良影响，更会成为境外敌对势力攻击的把柄。一定要严格慎重对待。

“凤凰网”登载“问题地图”案是一起关于智库微信公众号的案件。经查，凤凰网 2017 年 5 月 16 日发布的“交互式‘一带一路’风险地图”以及凤凰国际智库微信公众号中登载的地图未经地图审核，并存在错绘国界线，漏绘我国钓鱼岛、赤尾屿和南海诸岛等重要岛屿等严重问题。“交互式‘一带一路’风险地图”清楚地指明“一带一路”沿线国家的政治风险、经济风险、安全风险，对于我国进行各项活动有着很好的启示。但却由于存在错误，没有按照规定审改而夭折。

这些案件的发生提醒我们要重视地图问题，要严格按照规定来审查、修改，决不能掉以轻心。

2　地图插图中容易出现的差错

地图是国家主权和领土完整的象征，地图上的国界线画法、区域范围、名称、岛屿的归属等内容的表示都必须符合国家的政治观点和外交立场。这些内容如果出现差错，会产生极其恶劣的政治影响。

2.1 地图的性质

地图具有三个性质：严肃的政治性、严密的科学性、严格的法定性。政治性体现在国家主权意识和在国际社会中的政治、外交立场；科学性体现在符号、色彩、注记等都有特定的含义和象征；法定性体现在是否合规，是否涉密，必须遵守国家规定。

2.2 容易出现的差错

与地图的性质相对应，地图插图中容易出现三方面的差错，分别是政治性差错、规范性差错、其他差错。政治性差错包括：国界线、行政区域界限等线条差错；重要岛屿漏绘、错绘；关于台湾图幅范围、底色、符号的表示以及泄密性质的差错等。规范性差错包括领土、主权、港澳台的表示；民族、宗教等的表示等。其他差错包括国名、地名的译名错误以及人名的翻译错误等。

2.3 应该注意的问题

地图插图应该注意的问题主要分内容方面和外形方面。

内容方面，不能出现以下内容：

（1）危害国家统一、主权和领土完整的问题；

（2）危害国家安全、损害国家荣誉和利益的问题；

（3）属于国家秘密的问题；

（4）影响民族团结、侵害民族风俗习惯的问题；

（5）法律、法规不允许表示的其他内容。

外形方面，应注意：

（1）中国全图必须表示南海诸岛、钓鱼岛、赤尾屿等重要岛屿，并用相应的符号绘出南海诸岛归属范围线。

（2）注意地图的完整性：东边绘出黑龙江与乌苏里江交汇处，西边绘出喷赤河南北流向的河段，北边绘出黑龙江最北江段，南边绘出曾母暗沙。

（3）绘制地图时，按照《公开地图内容表示补充规定（试行）》第十条的规定，应完整表示中国领土，不得随意压盖中国地图图形范围；按照《地图管理条例》第九条编制涉及中华人民共和国国界的世界地图、全国地图，应当完整表示中华人民共和国疆域。

综上，地图上无小错，一错就有可能犯下政治性错误，因此在遇到地图插图时，一定不能随意，要小心谨慎，慎重审查。

3 典型案例

案例一：关于中国全图的表示（图 1）

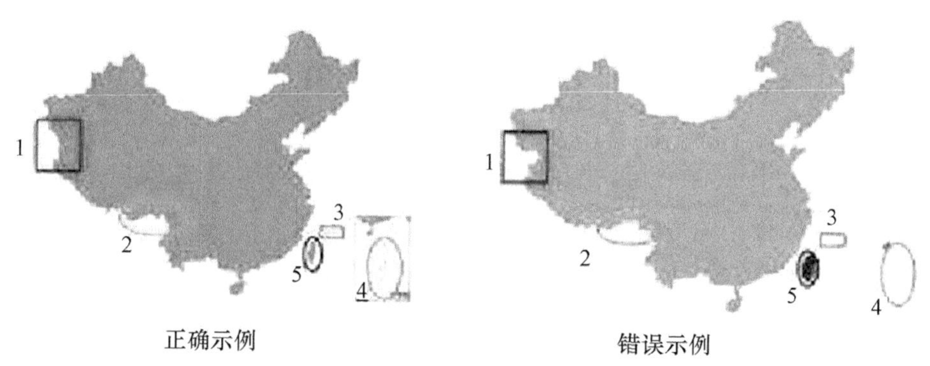

图 1 全国地图的表示

图 1 中，1 为阿克赛钦地区的表示问题；2 为藏南地区的表示问题；3 为钓鱼岛、赤尾屿位置的表示问题；4 为南海诸岛各岛点位置的表示问题；5 为台湾省底色设置问题。

案例二：关于台湾省的表示（图 2）

图 2 中在分国设色的地图上，错误地将台湾省按照“国家”来表示。正确的方法应该是台湾省与我国大陆同色，并删除“Taiwan”“Taipei”的注记。

图 2　台湾省的错误示例

案例三：关于南海诸岛、钓鱼岛、赤尾屿等重要岛屿的表示（图 3）

图 3　重要岛屿的错误示例

图 3 中漏绘了南海诸岛、钓鱼岛、赤尾屿以及中日海上界限。这是涉及我国领土完整的重要表示，一定不能漏掉。

案例四：关于国家秘密的内容的表示

粮食储备库，军队训练场、自来水厂、降雨雷达站、部队驻地位置信息、监狱、水库库容等均属于国家秘密，不得随意公布和展示。

4 如何避免差错出现

作为研究人员，在遇到地图插图时，应该怎么做才能避免差错的出现呢？

（1）增强敏感性。遇到此类问题时能够立刻判断出此为风险点，应重点关注，并采取相应措施；

（2）使用标准底图。千万不可随意在网上下载使用带有地图的插图，在中华人民共和国自然资源部网站上（http://www.mnr.gov.cn）下载标准底图直接使用。使用过程中需注意：要标注审图号，不能缩放、裁切，不能添加任何内容；如需添加内容，则送专业人员处理。

作为出版社的编辑，在遇到地图插图时，应该怎么做？

（1）加强学习。掌握时政热点，不断提高对地图插图的敏感性。必要时，可参加地图专题培训，跟进发展形势，提高这方面的把握能力。

（2）认真审图。遇到地图插图，一定不能轻易略过，要审查是否有审图号，仔细核对容易出现差错的内容，必要时，聘请专业人员对地图插图进行审校，把好质量关。

（3）必要时送审。向社会公开的地图，除使用标准底图没有任何改动的之外，其他应当报送有审核权的测绘地理信息行政主管部门审核，取得审图号之后才能公开出版发行（包括出版、登载、展示、进出口、生产附着地图图形的产品等）。

守正创新　推动科技图书出版工作高质量发展

——科技编辑出版工作心得

报告分别从三个方面探讨了如何推动科技图书出版工作的高质量发展。首先编辑应适应新时代提出的新要求，其次内容的策划和编校质量是高质量发展的前提，最后创新思维是科技图书出版工作高质量发展的助推剂。

主 讲 人： 张琳，女，汉族，生于 1980 年 9 月，在职研究生，现任院书刊编研领域科技带头人、出版社学术委委员、副编审、中国原子能出版社第二编辑部。多年从事图书的编辑出版工作，具有丰富的编辑出版工作经验，编辑的图书《核天体物理——探索星系演化和元素起源的交叉科学》获 2017—2018 年度中国核科普奖。策划出版《压水堆核电厂操纵人员基础理论培训教材丛书》《核工业科技馆科普丛书》《华龙一号核电厂系统与设备》等核专业图书。发表学术论文 5 篇。

报告日期： 2018 年 7 月 13 日

守正创新　推动科技图书出版工作高质量发展

——科技编辑出版工作心得

1　编辑的基本概念和历史演变

编辑是对作品（也包含其他有价值信息的原始资料）进行整理、加工，使之成为出版物。编辑是一种工作，也是一类职业身份，其对应英文是 Editor。编辑工作的主要负责人是主编或总编辑（总编）。

编辑是一种工作类别，也是一种职业身份，编辑的分类很多，有策划编辑，文字编辑，美术编辑，还有近几年发展得越来越成熟，越来越规范，影响范围也越来越广的数字编辑和网络编辑等。

对于编辑的职称分类，要从 1986 年说起。1986 年，国家人事部组织制定编辑职称条例，从北京、上海等地开始评定工作，逐步在全国全面铺开，发行、印刷专业职称评审工作随之启动。从此，编辑有了自己的身份：编审、副编审、编辑、助理编辑。随着时代的不断发展，又出现了数字编辑和网络编辑等。通过近两年新闻出版署公布的数据来看，副高和正高级职称评审的通过率是越来越低的。在近两年公布的中央在京出版单位出版专业高级职称评审通过人员名单中，2017 年度全京区正高级职称的通过人数为 85 人。2018 年度中央在京新闻出版单位出版系列高级职称评审通过人员更少，只有 69 人。综上可以看出，编辑的工作范围广、职业身份多，但是高端人才比例并不高。

编辑的日常工作要求包括：能够对选题内容有敏锐的把握，特别是政治方面和意识形态方向的把关，对内容的筛选、切割、重组有果决的判断，对内容的质量有全局的控制能力，对出版相关的法律法规能够熟练掌握和运用，还能对版面设计提出建议，对印刷手段、方法和内容的有效融合提出建议，对用纸、印刷、装帧等均要做到心中有数。

而就科技编辑而言，不但要对编辑的日常工作要求熟练掌握，还需要具备各种科技专业的知识储备，对各科技领域的最新科研成果充分了解，对本领域的院士、专家和学者深入了解，建立自己的专业知识库和作者数据库。对科技编辑而言，既要是“专家”又要是“杂家”，要求编辑必须具备高度的政治敏锐性、优秀的文学素养、市场敏感度、营销策划能力和良好的协调沟通能力。

科技编辑要拥有更加完善的知识结构，适应时代的发展要求和知识生产与创新的规律，具备“平面铺展”和“纵向深入”相结合的编辑力结构。既要掌握广博的知识，具有“杂家”的特点，又拥有自身最为精通的科技知识领域，成为自身所在科技领域的“专家”。

编辑出版的对象是产品，也就是我们所说的图书。而出版物不单指图书，是虚拟与实体、内容与技术相融合的结果。出版物的实体部分，需要借助实体的介质、载体来呈现，如传统的纸张、光盘，到今天的手机、iPad 等；出版物的虚拟部分，指的是出版物所蕴含的丰富的精神食粮，这其中包括知识的传播、文化的传承等，出版物的价值在于用不同的形式去封装内容，用不同的载体来呈现内容。

编辑是思想的搬运工，把知识从作者的大脑传递到读者的大脑。出版肩负着“传播真理、传承文明、教育人民、服务社会”的历史使命。

2　图书质量是科技图书出版工作高质量发展的重要保障

坚持图书出版的高质量发展，就必须要以政治建设为统领、以内容策划为根基、以质量建设为保障、以全媒体发展为路径，加强体系建设和机制引领，这就要求图书出版要从图书的质量保障和图书的内容策划等方面下功夫。

2.1　图书的质量保障

坚持图书的质量保障就必须切实将社会效益优先，经济效益与社会效益相结合的要求贯穿到编辑出版全流程的各个环节，牢固树立“质量是第一生命线”的责任意识，坚决落实意识形态工作责任制，有效提高出版物质量，在出版业务管理上要做到“抓好两头、强化中间”，确保政治质量、编校质量、印装质量和内容质量无一偏差，出版物要符合新闻出版署的各项规定。

图书的质量要从源头抓起，加强选题优化，坚持三审四校制度，质量保障首先要建立健全出版社质量管理的规章制度，覆盖全流程，规范生产环节，完善体制机制，协调职能部门与业务部门的工作配合，优化管理流程，做到全员、全流程明确质量责任，从而杜绝出版物在生产流程中出现问题；同时要强化编辑的专业技能，整体提升编辑的核心业务素养与编校能力。

2.2 图书的内容策划

内容策划的好坏也是决定出版高质量发展的关键，直接决定未来出版业务中精品图书的数量，对于科技图书出版工作高质量发展、创新发展起着至关重要的作用。从科技图书市场需求的变化来看，精品图书已成为图书出版产业发展的核心，也只有在“出精品图书”思想下创造出来的图书才能在激烈的市场竞争中取得立足之地。同时通过 IP 效应的放大，打开新兴出版的想象空间。这也就意味着，未来的出版工作必将淘汰以往粗放式、片面追求规模效应的发展模式，以用户的核心诉求为抓手，推动内容的高质量建设，强调社会效益优先、品质优先，优化选题结构，增强在全媒体时代自身的核心竞争力。

为了强化优势出版领域的精品出版战略，应该面向大科技，放眼全领域，同时更要专注科技领域，提升专业图书的开发能力，针对科技发展的前沿趋势，抢占以院士、高层次专家为代表的优质资源，主动策划符合核科技领域高端学术专著，策划定位精准的专项科普、策划专业对口的员工培训教材和策划传播老一辈核工业人家国情怀、奉献精神的传记等一系列优质选题。

3　创新思维是科技图书出版工作高质量发展的助推剂

党的十九大报告对我国宏观发展阶段做出了新的判断，指出我国经济已由高速增长阶段转向高质量发展阶段，提出找到数字新动能、发展数字经济、建设网络强国的任务和要求。这些宏观部署对出版业也提出了更高要求，新时代的编辑要有过硬的政治素质、足够沉淀的人文素质、扎实全面的业务素质，并且努力实现这三种素质的有效融合。

在国际竞争日益激烈的今天，新时代的编辑要在内容产业变革中实现技术和内容的真正融合。这也要求编辑尽快完成转型升级，创建新思维，掌握新技术，实现与技术的深度融合，与市场的深度融合，从产品运营服务全方位来构建一个新的出版业生态，成为顺应新时代内容产业发展需求的出版人才，切实为满足人民群众对美好生活的需求而贡献力量。

步入移动互联的近几年，随着大数据、云计算、人工智能、5G等前沿技术的崛起、新媒体的繁荣发展，以及新的互联网运营模式的酝酿生成，整个出版行业正处在急速的变化之中，全媒体发展的大时代已经来临。

全媒体发展在推动出版高质量发展中的作用毋庸置疑。首先，全媒体发展中出现大量新技术的应用，对内容的表现形式以及内容的传播形式产生了很大影响，全媒体发展所涉及的数字技术已经成为高质量发展中的基本要素；其次，全媒体发展相关业务中蕴含新的市场需求。因此，全媒体发展的推动也必然是出版高质量发展的核心要素。

这就要求出版社要跳出纸质图书的限制，形成多元化载体的内容产品。形成“出版+”的概念，始终坚持出版人的主体意识，始终坚持出版贯穿始终。坚持出版+互联网、出版+数字、出版+各种载体。出版社不变的是出版人对优质内容的追求，不变的是竭诚为读者服务，不变的是始终为人民创造优质精神产品。

可见，推进出版高质量发展，人的作用非常关键。如果不能有效提升编辑的基础业务能力，即便再好的规章制度、技术创新、模式创新也很难有效得以实施。因此，对于出版社而言，如何在新形势下培养提高编辑的业务能力非常重要。

在 2018 年全国宣传思想工作会议上，习近平总书记把“四力”的要求扩大到整个宣传思想战线：宣传思想干部要不断掌握新知识、熟悉新领域、开拓新视野，增强本领能力，加强调查研究，不断增强脚力、眼力、脑力、笔力，努力打造一支政治过硬、本领高强、求实创新、能打胜仗的宣传思想工作队伍。做好出版工作，没有硬功夫、真本事是不行的，提高编辑的业务能力也应在练好“四力”上下功夫。

“培养创造性思维，提升创新创造能力”。编辑活动的本质特征是编辑的思维创造性。编辑思维创造是社会精神文化发展的动力，渗透在整个编辑活动系统中，推动着社会文化的发展。新时代编辑要跳出思维定式的负面影响，敢于出版有价值的出版物；要加强创造能力的培养与转化，将优秀的创造性思维转化成看得见摸得着、有内涵有营养的优秀出版物；要善于观察、勤于思考、精于策划、乐于创新，为社会主义先进文化建设与现代化建设提供源源不断的精神供给。

4　结语

“满足人民过上美好生活的新期待，必须提供丰富的精神食粮。”习近平总书记在十九大报告中的这一论断振聋发聩。迈入新时代，出版格局日新月异，文化“大花园”百花齐放，人民群众对出版品质的要求越来越高。

新时代到来，对编辑有了新要求。深入学习贯彻党的十九大精神，主动适应新时代社会文化发展新形势，构建符合出版发展规律的核心素养，勇担新时代赋予的新使命。编辑要在推动社会文化发展和思想潮流进步，引领民众理想信念、价值取向和道德观念等方面发挥着重要作用。

所以，综合新时代使命责任、传播先进文化、适应时代变化这三方面的要求，科技出版工作的高质量发展可以总结为以下四个方面：一是加强精品力作的出版，积极探索专业主题出版，讲好中核故事，传播和引进先进的科学技术，弘扬社会主义先进文化；二是立足自身的优质出版资源，切实有力地支撑国家文化战略的发展需要，彰显出版特色，突出出版优势；三是着眼于人民对美好生活的向往，开发有品位、讲格调、受读者广泛欢迎的精品，助力文化繁荣；四是守正创新，积极顺应技术发展趋势，强化移动优先的意识，完善传统出版与新兴出版深度融合的发展机制，构建自身的核心竞争力。

『中核智库』品牌建设

报告回顾了我国智库发展的背景，总结了影响智库发展的关键因素，得出了短期我院正处在高速上升期，长期我院还处在顶级智库建设的积累阶段，并从对内建设和对外宣传两方面论述了如何建设智库。

主 讲 人： 闫寿军，男，汉族，1986 年生，2017 年毕业于西安交通大学核反应堆专业，工学博士。2017 年 6 月至今工作于信息所情报三室，助理研究员，主要从事核燃料后处理领域的情报研究工作。获集团科技进步二等奖 1 项，出版译丛 1 部，发表论文多篇。目前承担后处理重大专项中的技术和设备类课题的研究。

报告日期： 2018 年 8 月 23 日

“中核智库”品牌建设

1 研究背景

2013 年 4 月 15 日，习近平总书记对我国智库建设作出重要批示，十八届三中全会通过的《中共中央关于全面深化改革若干重大问题的决定》进一步明确提出“加强中国特色新型智库建设，建立健全决策咨询制度”。习近平总书记对智库建设的重要批示是中央领导同志专门就智库建设所作出的最为明确、内涵最丰富的一次批示。智库作为国家软实力的重要组成部分，随着我国的发展未来作用会越来越大。

从企业发展层面来看，树立良好品牌可使企业至少获得三方面的优势：

（1）掌握产品定价权，获得品牌溢价

例如兰德公司工资较同等资历的大学教授要高出三分之一。从世界范围来看，智库行业和金融、高科技一样属于高度智力密集型行业，同时也属于高薪行业。例如 2018 年美国前五大高薪企业（科尔尼管理咨询公司、思略特、瞻博网络公司、麦肯锡咨询公司、谷歌），除了两家互联网公司外，其他三家都是属于智库咨询行业。在我国目前的发展阶段，金融和互联网行业已经逐步和世界发达国家接轨，发展成为高薪行业，而智库咨询行业的发展还不够充分。相信在不远的将来，随着国家和各行各业对于智库咨询的重视，以及咨询行业自身价值的逐步体现，我国的智库行业也一定会成为更能吸引顶尖人才的行业。

（2）员工拥有更好的发展空间

知名品牌公司的员工借助公司的知名度和信誉度，可以获得更广阔的发展空间。例如许多美国政府高官以及知名企业的高级管理人员在他们任职之前，都曾在兰德公司工作，例如基辛格在成为美国国务卿之前就曾在兰德工作过。同时许多政府的高层管理人员卸任后也会去智库公司做一些研究工作，这对智库年轻员工的发展产生巨大的帮助。另外，市场的眼睛是雪亮的，目前知名智库公司的优秀研究人员一直都是大公司猎头重点关注的对象，其在企业界也有大量的非常好的发展机会。

（3）可以更容易地吸引尖端人才

兰德公司曾有 30 位诺贝尔奖获得者，例如顶级的核战略分析师艾伯特·沃尔斯，战略分析师赫尔曼·卡恩，《导弹时代的战略》作者伯纳德·布罗迪。冠军只在冠军级别的选手中产生，优秀人才的汇聚使得兰德公司更容易产生大师级别的智库人才。

我院 2013 年确定“中核智库”品牌定位，2017 年入选“中国核心智库”，2018—2019 年连续三次获得习总书记批示，发展形势喜人，未来发展空间巨大，正是树立尖端智库品牌的黄金时期。同时我院在尖端人才比例和产品定价权方面和国际顶尖智库还有一定的差距。考虑到我院在品牌发展定位、外部资源、员工素质和业务领域等方面具有较明显的优势，所在行业又属于尖端朝阳行业，我院要抓住机遇，强化智库品牌建设。

2 对内建设

企业自身的实力是其他一切工作的基础，打铁还需自身硬，我院的对内建设主要包括以下三个方面。

2.1 文化建设

文化建设主要包括物质层文化、制度层文化、精神层文化和行为层文化四个方面。电视剧《亮剑》里李云龙的一段话深刻的阐释了组织文化的内涵："事实证明，一支具有优良传统的部队，往往具有培养英雄的土壤。英雄或是优秀军人的出现，往往是由集体形式出现，而不是由个体形式出现。理由很简单，他们受到同样传统的影响。养成了同样的性格与气质。""任何一支部队都有着它自己的传统。传统是什么？传统是一种性格、是一种气质！这种传统与性格，是由这种部队组建时首任军事首长的性格与气质决定的。他给这支部队注入了灵魂。从此不管岁月流逝，人员更迭，这支部队灵魂永在。"

目前我院已经形成了使命担当、拥抱变化、团队合作、友善快乐的文化氛围，文化建设优秀，并且真抓实干，效果突出，为我院职工的工作和成长营造了良好的环境，应把我院的经验总结提炼，供其他单位借鉴学习。同时应该积极宣传我院先进人物先进事迹，从而对外展示我院文化风貌，对内形成对员工的激励。

2.2 人才建设

我院的人才建设主要包括公司在职员工培训、吸引优秀人才入职和专家库的建设三方面。

在职员工培训一般包括总结整理培训需求、系统配置培训内容和有效考核培训质量三方面，目前我院已经拥有了比较丰富的培训内容，包括新员工入职培训，入职后导师制的传帮带式的工作入门引导，以及平时的每月一讲和保密培训等。但针对个人业务能力和综合业务素质的培训还比较碎片化，没有形成系统健全的培训系统，获得优质培训资源的程序复杂、周期长，影响积极性，入职培训的效果随机性比较强，难以考核和量化。

吸引优秀的员工主要包括事业引人、文化引人和待遇引人三方面。许多人才注重的是自己的成长和发展空间，因此应该让青年员工有明确的发展预期，有鲜活的学习榜样。文化同样是吸引优秀人才的有效手段，例如阿里巴巴的使命文化，星巴克的伙伴、快乐文化都是非常优秀的文化，我院应该发挥好党组织的优势，进一步传承和宣传好我院的优秀文化。在待遇方面应该遵从市场规律，有效的薪酬体系应该对优秀的人才有持续的吸引力，使之招之能来、来之能战、战之必胜，从而能够引得来，留得住，用的好。

专家库建设也是我院人才建设的重要组成部分。我院的专家库主要包括资深专家、一线科研精英和高校杰出科研人员组成。资深专家对国家总体情况有比较全面的了解，对行业的历史有比较清楚的认识，对上层的动向有比较敏锐的感知。一线科研精英对工程实际中的问题有比较清楚的了解，但对上层的思路了解渠道少，对国际科技前沿缺乏持续的跟踪。高校杰出科研人员对国际前沿的新技术有比较清楚的了解，但对工程实际中的问题缺乏及时地了解，对上层的行业判定的感知不够敏锐。因此三方面专家的合理配置可有效地提高我院的情报水平和分析能力。

2.3 业务建设

2.3.1 开放平台

我院目前定位清晰，基础扎实，具有很好的内外部发展环境，多年的积累在行业内具有很高的知名度和美誉度，已形成深受行业认可的高端决策智囊、公众宣传阵地、行家交流平台和思想输出源泉的四大智库板块。目前我院人数较少，员工个人工作压力已经非常大，进一步挖掘潜力有限，对业务范围的拓展构成了一定的限制。随着我院智库品牌和研究水平的提升，我院应逐步增强议价能力，同时经历多年的奋斗，我院在高层赢得了口碑，获得了渠道，可以管控渠道做开放平台。积极鼓励其他单位科研单位人员和高校师生在我院的开发平台上深度发声，我院给予相应的行业认可和荣誉。这样一方面可以有效利用外部资源做大业务，同时也提供了一种发现适合我院人才的渠道。

2.3.2 业务开拓

目前国内外都十分重视智库的建设，近些年也涌现了大批智库成功发展的案例，我们应同国际国内同行交流学习，借鉴同行的思路和经验，开拓业务。在向上级部门提供高质量服务的同时，也应争取上级部门按照市场规律提高我院发展的灵活性。同时我院目前业务主要是在核能领域，未来可探索向能源、金融、法律方面逐步拓展的可能。只有我院多层面的业务都得到高效的发展，才能从不同的角度更好的支撑集团的发展，跳出集团要求的发展才能更好地服务集团发展。

3 对外宣传

我院的宣传主要分三个层次，主要包括上级宣传、行业宣传和高校宣传。上级的宣传主要体现在向上级的主动精准服务中。我院由于工作性质，参与活动与会议较多，我院对外交流目前都有统一的标识，员工年轻朝气、才华横溢、业务专业，在行业宣传中起到了很好的效果。高校的宣传主要体现在招聘过程和与高校的交流中。我院在“对外有影响，对内有价值”的宣传定位引领下宣传工作效果良好，尤其是习总书记的三次批示照亮了我院“中核智库”的金字招牌，成为我院宣传的亮点。除了工作成绩的宣传外，智库行业属于世界三大高薪行业，行业发展前景好，平台好，员工发展机会广阔，同时老员工中有大量的杰出人才，是新人非常好的学习进步的榜样，以及我院愉快的工作氛围和良好的企业文化都是我院对外宣传的优势。

4 小结

智库咨询属于世界三大高薪行业，我国目前所处的阶段对高质量智库需求比较迫切，行业发展前景好。短期看我院正处在高速上升期，内外部形式有利，长期看我院还处在顶级智库建设的积累阶段。我院职工素质较高，目前处于负重前行阶段，未来的人才储备面临比较激烈的外部竞争，吸引顶级人才有一定压力。我院在核能行业对外咨询服务领域底蕴深厚，美誉度较高，未来的业务拓展前景广阔。

我院开展知识产权金融服务之探讨

报告研究了国内外四家知识产权运营机构和企业的知识产权金融运作模式，总结了其中的经验教训，阐述了我院开展知识产权金融服务需要注意的关键问题，提出了相应的对策和建议。

主 讲 人： 尹珊珊，女，1990 年 10 月生，2013 年 6 月毕业于武汉大学获法学学士学位，2016 年 11 月毕业于法国图卢兹一大（Université Toulouse 1 Capitole）获国际法硕士学位，取得法律职业资格证书。2017 年 2 月至今工作于中国核科技信息与经济研究院知识产权研究所的法律事务室，研究实习员，从事知识产权政策研究、报告撰写、合同审核等工作。

报告日期： 2018 年 8 月 23 日

我院开展知识产权金融服务之探讨

1 背景

知识产权是企业的一种无形资产，也是许多科技型企业的核心竞争力之所在。随着我国知识产权的高速发展，衍生出“知识产权金融”这一概念。“知识产权金融”是指通过金融工具的安排和运用，将企业的知识产权与信贷、投资、担保、证券、信托、保险等结合起来，通过开放、可流通性的交易和运营，在对知识产权定价的基础上，将知识产权这种静态资产进行现金化和货币化，盘活知识产权价值。通过制度安排和市场引导，将金融工具键入知识产权，使静态资产得以流通，技术和资本得以融合，无形资产的市场价值被充分撬动。

在知识经济的时代，知识产权运营成了社会经济增长的重要方式，“知识产权金融”作为知识产权运营的一种手段，逐渐为人们所熟悉。就知识产权而言，知识产权金融是知识产权运营和商业化的高级形式，能够迅速实现无形资产的蕴藏价值；就金融角度而言，知识产权金融将知识产权与金融有机的结合，是金融领域的重大创新。开展知识产权金融活动对于实现知识产权强国战略同样具有重大意义。通过金融安排，能够充分挖掘和提升知识产权的市场价值，促进知识产权的交易和流通，从而推动科技创新的全面发展。同时，知识产权金融也为科技型企业开辟了融资的新途径，能够多渠道开发知识产权的市场价值，从而摆脱企业融资难的困境。

开展知识产权金融服务能够实现知识产权的经济效益，促进集团知识产权与金融资源的有效融合，有助于拓宽融资渠道，促进创新资源良性循环；有助于建立基于知识产权价值实现的多元资本投入机制，通过增值的专业化金融服务扩散技术创新成果，促进知识产权转移转化；有助于引导金融资本向核电、核技术应用等高新技术产业转移。

2 典型案例

知识产权金融服务致力于实现知识产权价值的经济价值，主要的方式有知识产权质押融资、知识产权证券化、知识产权私募股权投资、知识产权保险等。主要的运营主体为金融机构、产权交易所、知识产权运营公司和投资机构等。下文将介绍几个知识产权金融服务的案例。

2.1 国际知识产权交易所（Intellectual Property Exchange International Inc.）

国际知识产权交易所（以下简称 IPXI）是一个知识产权交易平台和专利金融交易中心。IPXI 通过会员制管理、市场准入机制和透明的市场定价方式，旨在促进企业之间的知识产权交易。然而在运行了两年之后，IPXI 宣布停止运营，究其原因，有以下几点：

首先，IPXI 与其客户的理念存在根本性的差异。IPXI 的初衷是通过构建公开透明的交易方式有效减少专利权人打击专利侵权的诉讼之累。甚至在 URL 合同中有专利侵权赦免条款，即侵权人可以通过后续购买专利许可使用的份额使专利使用正当化。也就是通过市场交易行为避免纠纷。然而，企业则希望通过专利诉讼来获得高额的赔偿金，因为赔偿金往往是数倍高于专利许可费的。因此，IPXI 与其客户的根本理念是背道而驰的。

其次，平台模式并不适于技术交易。交易平台更适于简单的大众快销品，买家可以通过平台快速了解大众快销品的品质和价值。而技术是极复杂的东西，关于技术的需求也相对复杂，还需要经过专业人员评估分析，交易平台无法提供这种服务，因此解决不了根本问题。交易平台能够解决的另一个主要问题是实现多家比货，买家需要平台提供类似商品的多家卖家的信息，这也只能适用于简单大众快销品，同样要求大众快销品要有便捷的信息渠道使得买家可以实现货比三家。对于技术交易的双方来讲，达成交易的难点并不在于缺少一个信息交流平台来彼此发现对方，有需求的双方有各自有效找到对方的专业化渠道和方式，并不需要交易平台。

最后，专利与技术项目的错位。现实的商业活动中，最普遍、真实的需求往往在于对技术项目的收购和投资，而不是针对某专利或专利组合的收购、投资。专利组合更多情况下是一个技术项目的附属品，而不是一个项目完整的标的。无论是企业还是风投机构，他们在寻找的通常是一个可以收购或投资的技术项目，而不是寻找一个专利组合，所以一个以专利为标的物的交易平台，是吸引不了寻找技术项目的客户的，缺少有真实需求客户的支撑是 IPXI 走向失败的原因。

2.2 英国技术集团（British Technology Group）

英国技术集团（以下简称 BTG）致力于从市场的实际需要出发挑选技术项目，并通过最有效的手段将技术推向市场，主要目标是实现技术的商品化，包括寻找、筛选和获得技术、评估技术成果、进行专利保护、协助进行技术的商业化开发、市场包装、转让技术、监控转让技术进展等。其任务是推动新技术的转移和开发工作，尤其是促进大学、工业界、研究理事会以及政府部门研究机构的科技成果的产业化和商品化，包括提供商业支持，鼓励私营部门的技术创新投资和扶持中小企业。

BTG 属于科技中介公司，它的运行机制就是通过自身卓有成效的工作，充分利用国家赋予的职权，同英国各大学、研究院所、企业集团及众多发明人有着广泛的紧密联合，形成技术开发—推广转移（销售）—再开发及投产等一条龙的有机整体，实现利润共享。而 BTG 在其中起到了联结开发成果转化为现实生产力的桥梁和纽带作用。

BTG 具有捕捉未来市场技术并从中获得回报的独特能力，通过投资进一步开发和扩大知识产权的范围，创造新的价值。BTG 不仅通过转让技术使用获取价值，而且通过建立新的风险投资公司，把获得的巨大报酬返还给它的技术提供者、商业合伙人和股东。所以，众多英国国内外发明人或企业都纷纷把自己的专利、发明等成果委托给 BTG，BTG 经审议后替发明人支付专利申请费用和代办申报，颁发许可证，真正使发明者得到知识产权的法律保护。然后，对专利等开发成果进行转让，实现利润分成。这种运作模式使 BTG 在技术供方和技术发展方中都拥有能够共同获得利润的合作伙伴，同世界许多技术创新研究中心以及全球主要的技术公司都有密切的联系。

2.3 北京知识产权运营公司

北京知识产权运营公司（以下简称“北京 IP”）是一家具有政府背景的科技中介企业，一方面依托与北京市政府的良好关系实现了同大学、科研院所、中介机构和企业的有效对接，推动知识产权运营链条的形成；另一方面发挥自身的资金优势和市场优势弥补政府部门在知识产权运营模式中的不足。

北京 IP 主要提供三类服务。第一类是科研发明投资基金。北京 IP 在国外的高校科研院所购买具有市场前景的专利，并在中关村科技园区里寻找匹配的企业实现专利技术的商业化运用；第二类是专利质押委托贷款。北京 IP 通过挖掘科技企业有前景的知识产权，寻求第三方评估机构，在第三方估值的基础上结合对技术本身和企业团队的情况，确定最终价格。最后通过知识产权运营面临的风险给出最优的质押委贷方案。与企业签订合同在约定的年限内企业要还本付息。如果到期无法还清，则专利权归北京 IP；第三类是专利点对点交易，北京 IP 间接促成专利使用方和意向购买方的对接，收取服务费。

北京 IP 具有强大的财团支撑、政府背景以及丰富的企业资源三大优势。中关村发展集团作为公司最大的投资方，具备雄厚的资金实力，拥有支持知识产权运营的引导基金、PE 基金等投资基金，并且在美国硅谷设立了创业投资基金和技术孵化中心，为公司提供了强大的平台支持。同时，作为国有企业，北京 IP 熟悉国家相关政策，其政府背景增强了企业的公信力。此外，北京 IP 依托中关村科技园，对中关村园区的企业情况非常熟悉，能迅速锁定与专利技术相匹配的公司。

2.4 中国科学院计算技术研究所

中国科学院计算技术研究所（以下简称计算所）经过多年来的

探索已经形成了一套成熟的技术转移体系。首先，依托中科院计算所雄厚的科研实力产生技术，通过各地的分所和计算所技术转移中心进行技术转移。其主要的业务模式包括知识产权运营，涵盖专利拍卖、技术专利的转让与许可，以及技术孵化器，计算所有专业的孵化团队，并定期举办技术创新大赛，通过创新团队和事业部联合的方式进行早期技术孵化。最后将项目通过“中科算源资产管理有限公司”进行资本运作以实现产业化。中科曙光、龙芯中科、中科寒武纪都是中科院计算所的典型成功的案例。

其中，中科寒武纪是国内首家开发人工智能芯片的公司。其前身是中国科学院计算技术研究所下的一个课题组，由陈云霁、陈天石教授领导。该课题组早在 2008 年就开始研究神经网络算法和芯片，并于 2012 年开始陆续发表研究成果。到了 2016 年随着整个课题组的研究成果趋于成熟，中科寒武纪科技公司应运而生，并着手将其芯片和指令集业务向商用方向转化，同年完成了天使轮融资，并于当年发布了世界首款商用深度学习处理器寒武纪 1A。2017 年完成 A 轮融资，2018 年完成 B 轮融资估值 25 亿美元。

中科寒武纪的成功得益于多方因素。首先，寒武纪的成功离不开中科院计算所的大力支持。中科院计算所通过技术许可的方式将重点专利技术许可给中科寒武纪使用，这种做法不仅可以有效地避免国有资产流失，同时中科院计算所能够通过收益分成的方式获得专利许可费。同时，中科院计算所根据 2015 年《国务院关于进一步做好新形势下就业创业工作的意见》，鼓励科研人员离岗创业，能够有效地提高科研人员的创新热情和积极性。

3　我院开展知识产权金融服务的对策建议

知识产权金融服务作为知识产权运营的高端模式，其本身具有较高的复杂性。这就对我院的知识产权工作提出了更高的要求。

3.1　挑选适合开展知识产权金融运营的专利

我院知识产权金融服务难于开展，究其原因存在着以下痛点：并非中核集团所有专利都具有市场化价值能够评估作价参与到融资活动中，需要联合专利评估机构和成员单位对集团公司现有的专利进行专业筛选，根据市场前景等因素对专利进行评估和判断，挑选出一批适合开展知识产权证券化、质押融资等金融活动的专利，并挑选出其中具有较高质量的专利进行试点。

目前，中核集团各成员单位的有效专利约 7 000 多件。我院应当联合成员单位和专利评估机构对这些专利进行评估，筛选出适合开展金融运作的专利，为日后开展知识产权金融服务业务奠定基础。同时，我院应当在内部建立一套系统的专利价值评估体系。应当看到成员单位在研发的过程中往往能够获得较多领域的专利，当众多的专利成果无法自用时，应当对其开展价值评估以便进行多途径的高效利用，比如进行专利质押或进行专利证券化用以融资。建立专利价值评估体系，对专利进行周期性价值评估，有利于筛选出适合进行金融化运营的专利。

3.2 调研集团成员单位，对接需求

中核集团成员单位的需求是我院提供服务的前提，然而并非所有的需求都能够对接成功。因此，我院应当系统调研集团各成员单位，及其下属公司，深度挖掘，找准他们的真实需求，从而给我院开展知识产权金融服务确定方向。

3.3 搭建集团内部的知识产权管理运营平台

为了实现开展知识产权服务目标，需要发展专业的知识产权金融服务，因此需要搭建集团内部的知识产权管理运营平台。平台上应包括集团各成员单位的知识产权信息，如拥有的专利、商标、转

件著作权等情况，此外还应当具有成果评价的功能，即评专利的市场前景和技术成熟度等功能。总之，搭建集团内部知识产权管理运营平台能够全面的掌握集团各成员单位的专利信息，为我院开展知识产权金融服务提供平台基础。

3.4 与金融机构实现对接

开展知识产权金融服务离不开与金融机构的对接。上至国家层面的政策，下至北京市的地方政策都在鼓励银行等金融机构为企业提供知识产权质押融资服务。因此，要做好和银行等金融机构的对接工作，向他们积极宣传集团各成员单位的专利成果，为日后成功开展知识产权质押融资奠定基础。

4 结论

开展知识产权金融服务，是强化知识产权运用的具体举措，是知识产权工作服务创新发展、践行创新发展理念的重要手段。我院开展知识产权金融服务，是积极响应国家政策号召的选择，也是打造高水平一流智库的不二之选，更是推动集团进一步发展的必由之路。

参考文献：

［1］孙庆文，李建苹，朱希铎，等．科技成果转化的一种新模式［J］．情报工程，2016（6）．

［2］靳晓东．专利资产证券化中专利价值的影响因素分析［J］．财经视线，2015．

［3］孙宏涛．美国知识产权保险制度的发展概况及对我国的启示［N］．中国保险报．北京，2018（02）．

［4］吕淑瑜，宋跃晋．知识产权担保融资的特点及风险分析［J］．法制与经济，2012．

［5］王潇，张俊霞，李文宇.全球专利运营模式特点研究［J］．电信网技术，2018（1）．

［6］乐媛．中国知识产权质押融资法律问题研究［D］．南昌，2012．

［7］朱翠华．我国专利信托融资法律问题研究［D］．上海，2016．

［8］尹若凝．我国专利运营风险与防范法律问题研究［D］．哈尔滨，2016．

［9］李卓涵．知识产权国际融资法律探究［D］．上海，2015．

［10］陈玲．知识产权证券化法律问题研究［D］．大连，2013．

核科普新媒体

——音频读书节目

音频媒体近年来异军突起，受众增长势头迅猛，占据着人们日常生活的闲散时光。报告通过前期调研，分析总结现有音频节目情况与国民收听习惯，拟定适合于核科技信息传播的节目方针，根据听众反馈，对节目内容、语言风格、发布方式等不断改进，分析听众反馈，总结音频节目制作经验教训，探索一条适合于核科技信息传播的道路。

主 讲 人： 张书玉，男，1990 年 11 月生，安徽淮南人，2016 年 4 月毕业于华北电力大学核能科学与工程专业，获工学硕士学位。同年到中国核科技信息与经济研究院（中国原子能出版社）工作至今。现任中国原子能出版社第二编辑部编辑，中级职称。责编出版《轻水堆核安全》《核动力装置中的热质传递》《中国核电工程有限公司新员工入职培训教材》《中国核电工程有限公司民用核安全机械设备设计培训教材》《华龙国际核电技术有限公司年鉴（2017 年卷）》《中国核科学技术进展报告（第五卷　第五册）》等书稿，积累了一定的核领域图书的出版经验。

报告日期： 2018 年 8 月 23 日

核科普新媒体

——音频读书节目

音频媒体近年来异军突起，受众增长势头迅猛不可小觑，通过音频媒体宣传核工业，旨在探索用新媒体补充核工业公众沟通体系。核科普音频节目是要把人们相对陌生的核科技通过音频的方式传播给公众，消除人们对于核不必要的恐惧，让公众对于核科技有一个更清醒的认识，激发人们对于核事业的好奇心。音频节目是一种迎合现代人的生活习惯的新媒体，可以让人们以一种更舒适的方式获得精神的享受与知识的启发。

1 研究背景与目的

对于广大的普通工作来说，“核”是一种既神秘又危险的东西，人们既希望国家在经济发展与国防建设上大力发展核事业，又希望自己能够远离与核有关的事物。为了推动国家核科技信息传播，提升中核智库在社会中的整体影响力，就必须顺应新时期信息传播发展的大趋势，加速实现我国核科技信息传播的移动互联网化程度，使人们能够更自由、更便捷、更有趣味性地接受核科技信息。

伴随着互联网移动端的崛起，传统的广播借助新媒体新平台，催生出一种全新的内容消费体——音频媒体，音频类节目也以全新媒体形态占据着人们日常生活的闲散时光。听众在声音中获得信息，不仅解放了视力，还开发了听力，人们可以边听音频节目边做其他的事情，充分享受听觉带给我们的资讯与便利。普通的阅读已经不能满足人们的需求，现代都市人群工作生活压力大，那些幽默风趣、浅显易懂的内容更能给人精神的享受，那些富有个人观点的语言更能让人们获得视野的扩展。

采用音频的形式，让象牙白塔里的核科技信息走入千家万户，将我国核工业的历史故事、核科普知识、核技术发展趋势和政策等内容用浅显易懂、风趣而深刻的语言表述出来，结合成熟的音频传播媒介，顺应当前人们的阅读习惯，提高国民的阅读数量和质量，让核科技引起社会广泛的重视与关注。

2 项目过程

2.1 同类节目调研

在国内最大的音频平台喜马拉雅 FM 平台上搜索了所有关于“核”“核能”“原子能”“核工业”“核科学”“核技术”的音频节目，统计所有播放次数超过 100 次的音频节目，如表 1 所示。

表 1 核领域音频节目播放次数统计

节目名称	作者	播放次数
《核科学技术应用漫谈》	南京航空航天大学	663（一共 6 集，合计 663 次）
《原子能的和平使用》	佚名	1 209
《原子能之父爱因斯坦》	儿童故事会	1 422
《两颗原子能产生 13 万吨炸药的威力》	财神早安秀	210 000
《核能的未来》	极客秀	22 000（共 2 集）
《开启潘多拉魔盒——原子能》	晓书童	25 000

注：统计时间为 2018 年 4 月 20 日。

由表 1 可知，核领域音频节目的收听率是很低的。南京航空航天大学花了很大精力制作的节目效果反而最差；影响力最大的是由一家非核的财经播报节目（财神早安秀）制作的历史故事类节目，其次是自媒体（晓书童）制作的读书节目。后两个节目在内容的科学性和完整性上都存在较大的问题，但是这并没有妨碍它们被广泛传播，这主要归功于新媒体机构在满足听众需求和节目制作经验上的优势。

2.2 风格与立意

（1）内容精简

快餐时代，用户的时间已经不具连贯性了，大多都是碎片化的。很多人都是利用零碎时间收听，节目太长，很多人听不完，节目的整体效果体现不出来。所以一个合适的音频节目应该不超过 40 分钟，讲一个故事、一段历史，把宏大的核工业拆解成一个个独立的内容。

（2）知识性与趣味性

所以对于一个音频来说，要做到恰如其分，不能完全站在自己的角度去构思内容，而是要从听众的角度去思考应该采用哪些内容，让听众在舒适的环境下把我们最在意的东西听进去。人们收听节目的时候并不是抱着严肃学习的态度的，而是大都抱着半娱乐半学习的态度，甚至娱乐的成分要更大一些，知识的需求反而在其次。把核工业说生动了，让人们在愉快的间隙对核工业有一些认知，这已经是极大的成果。

2.3 创作过程

首先是收集节目素材，根据前期总结的经验有针对性地搜索适合的素材；然后，根据收集的素材，结合口语特点进行加工再创作，拟写讲稿；之后，先搭设录音设备，反复进行朗读和修改，完成录音工作；最后，经过处理、剪辑加工，发布在网站上。

图 1 所示为《趣味核科普》栏目的截图，听众可以通过手机、电脑在喜马拉雅 FM 上找到这个节目。很多同事和朋友收听了这个节目，并提出了很多的改进意见，我希望能在后续的工作中根据这些反馈不断调整节目的内容和方式，推进音频节目持续更新。

图 1 《趣味核科普》栏目

2.4 创作音频节目的几点体会

（1）给别人一碗水，自己得先有一桶水。只有具备足够的知识储备，站在更高的角度理解知识，才能给别人说明白，才能举重若轻，在科学中掺入幽默与乐趣。音频节目看似简单，主持人侃侃而谈，但是这里面牵扯到大量的背景知识。很多音频读书节目，都是凝聚了厚厚一本书的内容，才塑造出一段二三十分钟的节目。

（2）音频自媒体，看起来一个人就可以完成，但实际上，一个节目的诞生需要投入大量的精力。从选题、查找资料、咨询专家、写台词、反复朗读、配合录音、后期处理、网络上传和维护，都需要投入足够的精力，任何一个环节出现问题都会影响节目的品质。前文提到的自身知识储备不足也是可以通过团队整体知识储备来弥补的。一个完善的团队可以分工操作，让每个人都有足够的精力来保证每个环节的质量。

3 对核科普音频节目的思考

通过开展音频创作工作，逐渐认识到：

（1）音频媒体是碎片化阅读的一种形式，是时代浪潮下一股不可忽视的媒体力量。核科普宣传应当按照信息传播的规律，根据人们的阅读习惯选择合适的传播方式。

（2）音频读书节目有助于智库产品的宣传，每一位听众都是潜在的读者群体。

（3）这项工作有一定的基础。中核智库多年的发展积累，沉淀了大量优质的研究成果、图书产品和专家群体，这是核科普宣传的重要资源。这项工作需要有顶层设计，挖掘现有资源，二度创作，打造音频读书系列节目，塑造节目品牌，形成社会影响力。